"十四五"时期国家重点出版物出版专项规划项目
先进制造理论研究与工程技术系列

操作系统分析与实践

主编　张可佳　张　岩　郭玲玲

　　　苏冬娜　富　宇

哈尔滨工业大学出版社

内 容 简 介

本书根据教育部高等学校计算机科学与技术教学指导委员会编制的《高等学校计算机科学与技术专业核心课程教学实施方案》和《高等学校计算机科学与技术专业人才专业能力构成与培养》的要求,结合编者多年的教学经验编写而成。全书主要以 Windows 操作系统、Linux 操作系统及 HarmonyOS 操作系统为应用背景,针对应用型本科操作系统课程实践教学的需要,制订了可伸缩的多层次多单元的操作系统实训方案。

本书可作为高等院校计算机及相关专业的辅助教材,也可作为计算机爱好者学习操作系统技术的参考用书。

图书在版编目(CIP)数据

操作系统分析与实践/张可佳等主编. —哈尔滨:
哈尔滨工业大学出版社,2023.9
(先进制造理论研究与工程技术系列)
ISBN 978-7-5767-0548-5

Ⅰ.①操… Ⅱ.①张… Ⅲ.①操作系统-教材 Ⅳ.
①TP316

中国国家版本馆 CIP 数据核字(2023)第 027027 号

策划编辑 王桂芝
责任编辑 张 荣 林均豫
出版发行 哈尔滨工业大学出版社
社 址 哈尔滨市南岗区复华四道街 10 号 邮编 150006
传 真 0451-86414749
网 址 http://hitpress.hit.edu.cn
印 刷 哈尔滨市颉升高印刷有限公司
开 本 787 mm×1 092 mm 1/16 印张 12.5 字数 312 千字
版 次 2023 年 9 月第 1 版 2023 年 9 月第 1 次印刷
书 号 ISBN 978-7-5767-0548-5
定 价 38.00 元

(如因印装质量问题影响阅读,我社负责调换)

◎ 前 言

"操作系统"是一门理论性和实践性都很强的课程。要学好操作系统的设计原理,除了听课、看书、做题之外,最好的方法就是实践,包括安装和使用操作系统,修改和配置操作系统,阅读和分析开源的操作系统,自己设计小型操作系统、内核模块或模拟算法等。基于以上原则,编者遵循操作系统课程的教学大纲要求,针对应用型模式的专业定位和人才培养目标编写了《操作系统分析与实践》一书。

本着高等院校应用型本科教育"理论够用、注重实践、突出能力培养、兼顾持续发展"的原则,本书结合讲授国家级精品课程"操作系统"的经验编写而成,以期更好地满足应用型高等院校计算机专业师生的需求。

"操作系统"课程实验环节一直都是操作系统教学的难点。本书根据 Windows、Linux 和 HarmonyOS 3 个操作系统各自的编程接口提供一些编程实例,以此加深学生对操作系统工作原理的领会和对操作系统实现方法的理解,并且使学生在程序设计方面得到基本训练。

本书共分为 5 章:第 1 章介绍操作系统课程实训(实践)方案;第 2 章介绍包括 Windows 操作系统概述、实践内容、行为观察与分析在内的 Windows 实践基础;第 3 章介绍包括 Linux 操作系统概述和实践内容在内的 Linux 实践基础;第 4 章介绍包括 HarmonyOS 操作系统概述、系统实践在内的 HarmonyOS 智能终端操作系统;第 5 章介绍操作系统编程级实践与分析,包括 8 个实验的具体实现方法和过程的详细指导。

本书由张可佳负责编写第 1 章和第 2 章;张岩编写第 3 章;苏冬娜编写第 4 章;郭玲玲、富宇编写第 5 章。全书由张可佳负责统稿。

由于编者水平有限,书中疏漏与不足之处在所难免,恳请各位专家和读者批评指正。

编 者
2023 年 7 月

◎目录

Contents

目 录 Contents

第1章
▶▶▶▶ 操作系统课程实训(实践)方案

本章从操作系统实践教学环节的重要性引入,阐述了教育部关于操作系统课程实践教学体系的实施方案,并据此制定了面向应用型本科学生的可伸缩、多层次、多单元的操作系统实训方案。

操作系统(Operating System,简称 OS)是管理计算机硬件与软件资源的计算机程序,在计算机科学理论体系中处于举足轻重的位置,因此也是计算机科学与技术专业学生必须学习和掌握的一门理论性和实践性并重的核心主干课程和专业基础课程,2009 年被列为全国硕士研究生相关专业(4 门)基础统考科目之一。

操作系统具有技术综合性强、设计技巧高的特点,其基本概念、设计思想、算法和技术可运用到软件开发的各个领域。同时,由于操作系统是一种大型的复杂软件系统,参与操作系统的设计和开发有助于学生提高解决复杂工程问题的能力以及团队合作能力。无论是在操作系统上进行应用软件开发,还是从事操作系统本身的研究、设计和开发,都需要理解和掌握操作系统。理解和掌握操作系统的最好途径就是实践,因此实验和设计实践也是操作系统课程中的重要环节。在此之前,首先要制定一套难度递进、覆盖全面、可行性高的实训方案。

1.1 教育部关于操作系统课程的实践教学体系的实施方案

1.1.1 计算机专业基本能力

根据教育部高等学校计算机科学与技术教学指导委员会编制的《高等学校计算机科学与技术专业核心课程教学实施方案》和《高等学校计算机科学与技术专业人才专业能力构成与培养》,计算机专业高级人才的专业基本能力包括以下 4 个方面。

(1)计算思维能力。
(2)算法设计与分析能力。
(3)程序设计与实践能力。
(4)系统的认知、分析、设计与应用能力。

1.1.2 操作系统课程内容特点及培养目标

操作系统课程具有内容广泛、知识更新较快和原理与实践反差大等特点,它注重理论与实践并重、系统与模块并重、设计与应用并重,是计算机专业重要的专业基础课程。操作系统课程的任务是使学生理解现代操作系统的基本原理、主要功能和相关设计技术,掌握当今主流操作系统的应用模式和管理方法,了解其运行环境和实现细节。该课程对学生在计算思维,算法分析,系统软件分析、设计与实现,计算机软硬件系统的认知、分析、设计与应用等方面的能力的培养具有重要作用。

针对操作系统课程内容的特点,在本书编写时将全书分为 5 章,主要内容如下:

第 1 章主要介绍操作系统课程实训(实践)方案,并引入基于虚拟机软件的操作系统分析与实践,便于进行后续实验。

第 2 章主要介绍 Windows 操作系统实践基础,共包括 4 个小节,分别为 Windows 操作系统概述、使用级实践内容、系统管理级实践内容和系统行为观察与分析。

第 3 章主要介绍 Linux 操作系统实践基础,共包括 3 个小节,分别为 Linux 操作系统概述、使用级实践内容和系统管理级实践内容。

第 4 章主要介绍 HarmonyOS 智能终端操作系统实践基础,共包括两个小节,分别为 HarmonyOS 操作系统概述和实践。

第 5 章主要介绍操作系统编程级实践与分析,包含随机事件模拟、进程管理模拟、进程调度模拟等多个经典实验,使学生在源码的角度更加深刻地理解操作系统。

同一课程中,不同的人才培养目标对课程学习的重点、深度和难度有着不同的要求。一般来说,基础知识是基本要求,高层次的要求包括研究、分析和创造。对于工程型人才,操作系统课程注重从设计师的角度讨论操作系统的工程实现和基于操作系统的系统开发,了解操作系统的原理,重点培养学生在系统软件方案的设计、开发和实现,以及系统程序设计、开发和实践方面的能力。对于科学型人才,操作系统课程注重培养学生抽象能力、分析能力、结构设计能力、大型系统软件的设计开发能力、解决操作系统领域问题的能力、研发操作系统的创新能力,培养科学作风和综合素质,使学生得到必要的项目管理和团队合作培训。而应用型人才在操作系统领域培训重点与工程型和科学型人才明显不同,主要包括对操作系统知识的记忆、理解、应用和评价,掌握和了解各种计算机软硬件系统的功能和性能,擅长系统设计、集成和配置,能够管理和维护复杂信息系统的运行。应用型人才作为使用操作系统的专业技术人员,应掌握基于操作系统支持的系统软件和应用软件的设计原理和开发技术,掌握操作系统的基本概念和工作原理,了解其内部结构,掌握国际主流操作系统的用户接口和系统调用技能。对于应用型人才,操作系统课程注重培养学生分析和解决基于操作系统应用方面的实践能力,以及对操作系统的选型、配置、使用、管理能力。这两方面能力主要体现在课程中的程序设计与实现能力和系统能力,主要依靠实践环节;而计算思维能力和算法设计与分析能力,主要在理论教学环节进行培养。

1.2　可伸缩的多层次多单元的操作系统实训方案

1. 应用型本科"操作系统"课程现状

目前,我国应用型本科"操作系统"课程现状可概括为以下几种:

(1)主要学习操作系统的基本操作方法,几乎不讲原理。

(2)只讲基本原理,几乎不做实验。

(3)讲基本原理,也做实验,但实验内容千差万别,具体如下:

①只练习具体操作系统的基本操作方法(或使用命令)的。

②只编写各功能模块的模拟算法和程序的(类似数据结构实验)。

③只分析源代码的。

④按照针对人才培养目标(专业基本能力培养要求)多层次的实训方案进行的(因材施教)。

除此之外,更重要的是随着各类移动终端的异军突起,其操作系统也在飞速发展,尤其是国产鸿蒙系统(HarmonyOS)已然成为国之重器。但很多高校还没有开设对移动操作系统的解读和剖析课程,不利于学生对操作系统的整体性认知。

2. 多层次实训方案设计的主要原则

多层次实训方案设计的主要原则如下:

(1)顺应国家信息化发展战略,符合对人才培养的需要。

(2)以专业能力培养为主线。

(3)考虑生源质量、师资力量和实验条件。

(4)兼顾学生的个人志向和兴趣发展。

3. 多层次实训方案设计的内容

2009 年,教育部高等学校计算机科学与技术教学指导委员会编制了《高等学校计算机科学与技术专业核心课程教学实施方案》,为了反映课程的内容要求和能力培训要求,体现课程特点,加强学生的操作系统研发的实践能力,本实施方案中综合设计了多层次、多单元操作系统课程和实验,为不同培训类型的高校提供可选的单元组合方案。

本书对《高等学校计算机科学与技术专业核心课程教学实施方案》进行了认真研究,总结了近 30 年国内外各高校操作系统课程实践教学的开展情况,并结合目前广泛应用的操作系统(Windows、Linux 和 HarmonyOS),从操作系统课程对应用型人才的要求出发,提出了一个由 5 个实践层次、3 种实训难度的多个实验单元组成的可伸缩的实训方案,侧重培养学生对操作系统的使用、管理能力,以及设计、实现和分析与操作系统有关的内核问题的实践能力,如图 1.1 所示。

该实训方案按照实验类型维度分为使用与管理级、观察与分析级、编程与修改级、设计与实现级和源代码分析级共 5 个实践层次。在实验难度维度上,划分为用户级、内核初级和内核高级 3 种难度。其中用户级的 4 个实践层次是需要学生亲自完成的,以此来了解 Linux、Windows 和 HarmonyOS 的基本理论知识和实践知识;内核初级的 3 个实践层次可在学有余力的情况下进行选做,以此来了解与操作系统有关的内核与系统调用和同步等基础知识;内核高级的 3 个实践层次可在操作完内核初级难度后进行选做,以此来了解与操作系统有关的内核源代码和与系统编程、设计相关的操作系统底层逻辑知识。

5 个实践层次的实验内容概要情况如下:

(1)使用与管理。

该类实验是本书中最为基础的部分,主要面向 Windows 或 Linux 实践操作基础薄弱的学生,通过对 Windows 和 Linux 系统的安装、使用、管理等实验,帮助学生掌握 Windows 和 Linux 的基本操作,掌握基本的用户界面、用户接口,以及系统的管理和服务配置维护。该类实验旨在加深学生对操作系统的理解与提高其操作技巧。

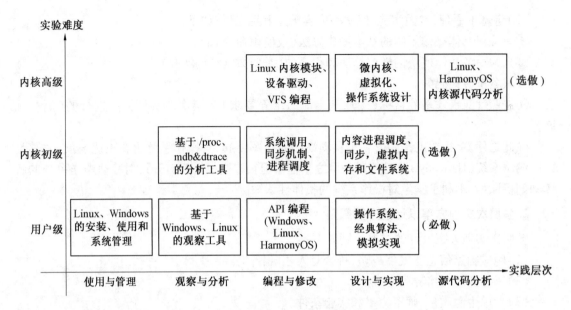

图 1.1   可伸缩的多层次多单元的操作系统实训方案

（2）观察与分析。

该类实验分为用户级和内核初级,通过观察与分析实际操作系统的内核运行,使学生理解、掌握和巩固课堂所学的基础内容,加深对各类操作系统的发展历程、基本概念、原理以及算法设计的理解。用户级借助 Windows、Linux 观察工具,了解操作系统内核数据结构的状态;内核初级需要结合操作系统源代码进行研读,在了解内核数据结构之间关系的基础上,利用操作系统提供的脚本编写工具,对系统进行更加深入的观察与分析。该类实验旨在加深学生对用户与操作系统之间的行为信息及进程之间通信信息的了解。

（3）编程与修改。

该类实验分为用户级、内核初级和内核高级。用户级编程实验主要通过调用系统提供的应用程序接口(Application Programming Interface,API)实现进程和线程的调用、存储管理、文件管理等基本操作。内核初级实验包括系统调用、同步机制、进程调度等;内核高级实验包括简单的设备驱动、Linux 内核模块等。在源代码研读的基础上,通过实验加深对操作系统实现原理和技术的理解。该部分实验旨在培养学生基于操作系统的程序开发和设计能力,了解进程的调度与同步。

（4）设计与实现。

该类实验分为用户级、内核初级与内核高级。用户级包含操作系统、经典算法和模拟实现等。内核初级包括内容进程调度、进程同步、虚拟内存和文件系统。通过学生相关课程,学生能掌握实验所需的知识,并综合运用这些知识设计、开发并最终完成实验项目。该类实验旨在培养学生综合应用操作系统原理和设计技术的能力,培养学生带着问题自主学习的能力。内核高级实验更具综合性、开放性、创新性和研究性,涉及可扩展操作系统、虚拟化技术、微内核、安全操作系统等操作系统领域的热点研究课题。该类实验注重培养学生的研究能力和创新意识,是开放式实验,但要求学生提供实验分析和研究报告,并写出有见解的心得体会。

(5)源代码分析。

该部分实验为内核高级,对 Linux、HarmonyOS 内核源代码进行了较全面的分析,既包括对中断机制、进程调度、内存管理、进程间通信、虚拟文件系统、设备驱动程序及网络子系统的分析,也包括对 Linux 整体结构的分析、Linux 启动过程的分析及 Linux 独具特色的模块机制的分析与应用等。其中重点剖析了 Linux 内核中最基础的部分:磁盘管理、系统管理及文件管理。此部分难度较大,供学有余力的同学进行学习。

在选择组合方案时,建议遵循符合培训目标要求并结合学生实际情况的原则。根据培训目标、学时、实验条件和学生实际水平,应选择适当的实践水平和实验单元,加强所需人才类型的实践能力。例如,对于应用型人才,建议选择使用与管理、观察与分析、编程与修改等实践层次和单元。对于工程型人才,建议选择用户级(或内核初级)观察与分析、内核初级编程与修改或内核初级设计与实现的实践层次和单元。对于科学型人才,建议选择内核初级观察与分析、内核初级编程与修改、内核初级与内核高级设计与实现等的实践层次和单元。

4. 多层次实训方案的实施建议

Windows 是近年来用户最多且兼容范围最广的操作系统;Linux 是当今世界最流行的操作系统之一,它与 Unix 兼容并且完全开源,是自由度较强、功能完善的操作系统;而 HarmonyOS 是国内基于微内核的全场景分布式操作系统,在多种智能终端上有着广泛的应用。在本书中,众多理论、实践内容将会在 Windows 10 和以桌面应用为主的 Linux 操作系统——Ubuntu 20.04.4 LTS 上进行。

对于不同的院校而言,其实验平台的选择是多种多样的,应根据师资力量、生源质量与教学计划去选择相关的实训内容。但为了能够达到更好的教学效果,应当保留 Linux 系统源代码分析的有关实践,可在有关的 Linux 平台或 Windows 内安装虚拟机软件来模拟 Linux 系统进行实训。而 Windows 和 Linux 的使用与安装、用户的 API 接口、基本的操作系统程序等基础应用则必须要求学生掌握并熟练使用。

1.3　基于虚拟机软件的操作系统分析与实践

为快速实现操作系统部署并保证实体机安全稳定运行,本书引入了虚拟机软件作为操作系统分析与实践过程中的环境基础。这一设定不仅能够防止误操作对实体机操作系统的破坏,提高实践过程的鲁棒性,同时,虚拟机强大的可迁移性和动态调整能力也着实会为实践过程带来新的体验。

1.3.1　什么是虚拟机

虚拟机(Virtual Machine,VM),与笔记本电脑、智能手机或服务器等其他任何物理计算机相似。它由 CPU(中央处理器)、内存和用于存储文件的磁盘等硬件组成,并且可以在需要时连接到 Internet。虽然组成计算机的部件(称为硬件)是物理的和有形的,但 VM 通常被认为是物理服务器中的虚拟计算机或由软件定义的计算机,仅作为代码存在,通常称为映像,其行为类似于实体计算机。

虚拟化是创建基于软件的计算机的"虚拟"过程,它使用从物理主机(个人计算机)或远程服务器(数据中心的服务器)"借来"的专用 CPU、内存和存储空间。虚拟机可以作为单独的计算环境在窗口中运行,通常用于体验不同的操作系统,甚至可以作为用户的主力计算机系统使用,广泛应用于许多领域的开发工作。虚拟机与计算机系统的其余部分互不干扰,这意味着虚拟机内的软件不会影响主机的主操作系统。

虽然虚拟机和具有单独操作系统和应用程序的物理计算机功能相似,但它拥有完全独立于彼此和物理主机的优势。为了满足日益增长的虚拟机需求,虚拟机管理程序可同时在不同的虚拟机上运行不同的操作系统。这使得在 Windows 操作系统上运行 Linux 虚拟机、在较新的 Windows 操作系统上运行早期版本的 Windows 成为可能。而且,由于 VM 彼此独立,因此拥有非常便携的属性,可以几乎瞬间将一个虚拟机管理程序上的虚拟机移动到完全不同的机器上的另一个虚拟机管理程序。由于其灵活性和可移植性,虚拟机拥有很多的优点,例如:

(1)节约性。在一个基础架构运行多个虚拟环境意味着可以大幅减少配置物理基础架构所占用的时间,提高了工作效率,减少了维护服务器的需求,节省了电力成本。

(2)敏捷性和快速性。启动 VM 相对容易和快速,相比为不同开发人员配置一个全新的环境,使用 VM 要简单得多,虚拟化使运行开发测试场景的过程更简洁和迅速。

(3)可扩展性。VM 允许通过添加更多物理或虚拟服务器来更轻松地扩展应用程序,以便在多个 VM 之间分配工作负载,可以提高应用程序的性能和可用性。

(4)停机时间减少。VM 非常便携,并且容易在不同的机器上转移,这意味着作为备份时,虚拟机是主机意外停机时一个很好的解决方案。

(5)安全性。由于虚拟机可在多个操作系统中运行,因此可以让有安全性问题的应用程序在 VM 使用的客户操作系统上运行,并保护使用者的主机操作系统和其他虚拟机系统。VM 还允许更好的安全取证方式,能够隔离病毒以避免对主机造成风险,因此它在计算机病毒的研究方面有着广泛的应用。

1.3.2　虚拟机软件 VMware Workstation 的介绍与安装

VMware Workstation 上市 20 多年,通常被认为是虚拟机管理软件的行业标准。其强大的功能集涵盖了许多虚拟化的需求。它通过支持 DirectX 11 和 OpenGL 4.1 从而提供 3D 解决方案,即使在使用图形密集型应用程序时也能减少 VM 中图像和视频质量的下降。该软件支持虚拟机开放标准,能够在 VMware 产品中创建和运行来自其他虚拟机管理程序的虚拟机。

VMware Workstation 的高级网络功能可以为 VM 设置和管理复杂的虚拟网络。当 VMware 与外部工具集成时,可以设计和实施完整的数据中心拓扑,从而模拟整个企业数据中心。在测试应用软件时,可以使用"VMware 快照"设置回滚点以进行快速系统恢复。VMware Workstation 的克隆系统使部署类似虚拟机的多个实例变得轻而易举,对于多个虚拟机,可以在完全隔离的副本或部分依赖原始虚拟机的链接克隆之间进行选择,以节省硬盘空间。

VMware Workstation 有两个版本:VMware Workstation Player 和 VMware Workstation Pro。VMware Workstation Player 可以免费使用,它允许创建新的虚拟机并支持 200 多个客户操作系统,还允许主机和用户之间的文件共享,拥有较高图形处理能力并支持 4 K 显示。但免费版本禁止商用且缺乏 VMware 的高级功能,如一次运行多个虚拟机和访问克隆、快照和复杂网络等功能。要获得这些功能以及创建、管理、加密虚拟机,需购买 VMware Workstation Pro。

VMware Workstation 几乎兼容所有的个人及服务器操作系统,可在 VMware 官网下载其最新安装包,下载后双击打开,点击"下一步",在接受许可协议后便可对安装路径进行更改,但不建议将其安装在系统盘。在接受默认设置后,便可按步骤安装 VMware 相关的虚拟机软件。

第2章

Windows 操作系统实践基础

2.1 Windows 操作系统概述

2.1.1 Windows 由来和特点

1. Windows 操作系统的由来

1975 年,微软先以一个 BASIC 解释程序在微型仪器遥测系统(MITS)公司推出的微型计算机"牛郎星"的星光下开张,后又让其字符界面的单用户操作系统 MS-DOS(1981 年推出 1.0 版)搭乘"蓝色巨人"IBM 的个人计算机(Personal Computer, PC)出航,到 20 世纪 80 年代,成为 PC 机的标准操作系统。如今,这家全球最大软件公司的产品已经涵盖了操作系统、编译器、数据库管理系统、办公软件等各个领域。采用 Windows 操作系统的个人计算机约占 90%,微软公司几乎垄断了整个 PC 软件行业。

Windows 的起源可以追溯到美国 Xerox 公司。该公司著名的研究机构帕洛阿尔托研究中心(Palo Alto Research Center,PARC)于 1981 年宣布推出世界上第一个商用的图形用户接口(Graphics User Interface,GUI)系统:Star 8010 工作站。当时,Apple 公司 GUI 系统的成功让嗅觉敏锐的比尔·盖茨(Bill Gates)认识到图形界面才是未来的发展趋势,于是微软公司在 1981 年制定了发展"界面管理者"计划。到了 1983 年 5 月,微软公司决定把这一计划命名为 Microsoft Windows。自此,Windows 操作系统便出现在大众的视野中。以下是对 Windows 操作系统发展历程的概述。

(1)Windows 早期产品。

1985 年,微软公司推出了 Windows 1.0,它是 Windows 操作系统的第一个版本,也是微软第一次对个人计算机操作平台进行用户图形界面的尝试。Windows 1.0 是基于 MS-DOS(微软磁盘操作系统,其使用命令行界面接收用户的指令)的操作系统,本质上宣告了 DOS 操作系统的终结。Windows 1.0 的一个显著特点是允许用户同时执行多个程序,并在各个程序之间进行切换,这对于 DOS 来说是不可想象的。Windows 1.0 中鼠标的作用得到了特别的重视,用户可以通过点击鼠标完成大部分的操作。同时,它自带了一些简单的应用程序,包括日历、记事本、计算器等。Windows 1.0 界面如图 2.1 所示。

1987 年,微软发布了带有桌面图标和扩展内存的 Windows 2.0,图形性能的改进使得 Windows 2.0 可支持重叠窗口以及控制屏幕布局等功能。后续的 Windows 版本对计算机的运行速度、可用性和可靠性进行了持续改进,并且 Office 应用的两大重要成员——Word 和 Excel 也首次出现。

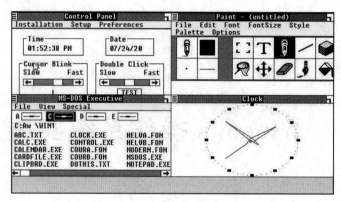

图 2.1　Windows 1.0 界面

(2) NT 3.1。

Windows NT 3.1 是微软 Windows NT 产品线的第一代产品,于 1993 年 7 月 27 日发布,用于服务器和商业桌面操作系统。

其中,Windows 3.1 于 1992 年正式推出,时任微软总裁的比尔·盖茨在该产品视频教程的开头这样说:"在这段视频中,你将会看到未来:Windows。"Windows 3.1 添加了多媒体功能、CD 播放器、彩色屏保和对 TrueType 字体的支持,还提高了软件的运行速度和稳定性。Windows 3.1 界面如图 2.2 所示。

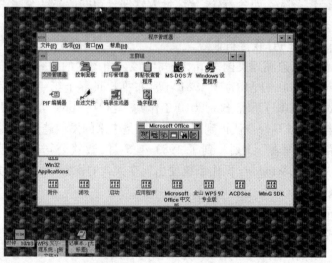

图 2.2　Windows 3.1 界面

同一时期,微软最早的商用操作系统(主要用于服务器和工作站的多用户操作系统) Windows NT Advanced Server 于 1993 年也在 Windows NT 3.1 版本系列中推出。

(3) NT 3.5X。

微软于 1994 年发布了 Windows NT 3.5,此后陆续推出了 Windows NT 3.5X 系列,该系列有两个版本:Windows 3.5X Workstation 和 Windows 3.5X Server。微软在 1995 年又发布了 Windows NT 3.51,从这个版本开始,Windows NT 系列也有了中文版。Windows 3.5X

Workstation 限制了可同时运行的网络任务数量并省略了一些服务器软件,而 Windows NT 3.51 可以用来构建一个完整的网络服务器。Windows NT 3.5X 的界面仍然和 Windows 3.1 保持一致,这一版本系列进一步改善了系统安全性和稳定性,大大扩展了 Windows 的应用领域。

(4) NT 4.0。

微软于 1996 年发布的 Windows NT 4.0 是 NT 系列的一个里程碑,该系统面向工作站、网络服务器和大型计算机,它与通信服务紧密集成,提供文件处理和打印服务,能运行客户机/服务器应用程序,并内置了 Internet/Intranet 功能。Windows NT 4.0 具有以下特点:

① 为 32 位操作系统(简称 Win32),有多重引导功能,可与其他操作系统共存。

② 实现了"抢先式"多任务和多线程操作。

③ 采用 SMP(对称多处理)技术,支持多 CPU 系统。

④ 支持 CISC(复杂指令系统计算机,如 Intel 系统计算机)和 RISC(精简指令集计算机,如 Power PC、R4400 系统计算机)硬件平台。

⑤ 可与各种网络操作系统实现互操作,如 Unix、Novel Netware、Macintosh 等。

⑥ 对客户操作系统提供广泛支持,如 MS-DOS、Windows、Windows NT、Workstation、Unix、OS/2、Macintosh 等。

⑦ 支持多种协议,如 TCP/IP、NetBEUI、DLC、AppleTalk、NWLINK 等。

⑧ 安全性达到美国国防部的 C2 标准。

(5) NT 5.X。

NT 5.X 系列指的是微软从 2000 年开始推出的一系列内核版本为 NT 5.X 的桌面及服务器操作系统,包括 Windows 2000、Windows XP 和 Windows Server 2003。

NT 5.X 系列中最具代表性的是 Windows XP。Windows XP 是微软公司 2005 年发布的产品,也是微软 Windows 产品开发历史上一个飞跃性的产品。它集成了数码媒体、远程网络等最新的技术规范,还具有很强的兼容性,外观清新美观,能够带给用户良好的视觉享受。Windows XP 的产品功能几乎包含了计算机领域的所有需求,它是一个把家用操作系统和商用操作系统融合为一体的操作系统,结束了 Windows"两条腿走路"的历史。同时,根据不同用户的需求,Windows XP 又包括了多个版本,其中最为常见的是针对个人用户的家庭版 Windows XP Home Edition 和针对商业用户的专业版 Windows XP Professional。Windows XP 具有一系列新运行特性,具备更多防止应用程序发生错误的手段,进一步增强了 Windows 的安全性,简化了系统的管理与部署,并革新了远程用户的工作方式。Windows XP 界面如图 2.3 所示。

与此同时,NT 5.X 系列相继推出 Windows 2000 Server、Windows Server 2003、Windows Server 2003 R2 3 个服务器版本,服务器版本也在更新换代中不断发展和创新。

Windows 2000 Server 建立在 Windows NT 4.0 操作系统的良好基础之上,其设置的操作系统与 Web、应用程序、网络、通信和基础设施服务之间良好集成,形成了一个新标准,成为这个版本最大的创新点。Windows Server 2003 的可靠性、可用性、可伸缩性和安全性均得到进一步提高,这使其成为高度可靠的平台。Windows Server 2003 R2 是继 Windows Server 2003 后的更新版本,在轻松地集成现有 Windows Server 2003 环境的同时,提供了一种更高效的方法来管理和控制对本地和远程资源的访问,并且它还提供了一个可伸缩的、安全性更高的 Web 平台,可与其他基于 Unix 的操作系统进行无缝集成。Windows Server 2003 R2 实现了新的应用方案,包括简化的分支机构服务器管理、改善的身份和访问管理,以及更高效的存储管理。

图 2.3   Windows XP 界面

（6）NT 6.X。

NT 6.X 系列指的是微软从 2006 年后推出的一系列内核版本号为 NT 6.X 的桌面及服务器操作系统，包括 Windows Vista、Windows Server 2008、Windows 7、Windows Server 2008 R2、Windows 8、Windows 8.1 和 Windows Server 2012。

Windows Vista 在 2007 年 1 月高调发布，采用了全新的图形用户界面，但软、硬件厂商没有及时推出支持 Windows Vista 的产品，因此这个版本并没有给用户带来良好的体验。

2009 年 10 月，微软公司推出了在 Windows Vista 基础上开发的 Windows 7。Windows 7 的启动时间大幅缩减，改进了安全和功能的合法性，并从此版本开始支持触控技术。Windows 7 集成了 DirectX 11 和 Internet Explorer 8。DirectX 11 增加了新的计算技术，允许 GPU 从事更多的通用计算工作，可以更好地将 GPU 作为并行处理器使用。同时，Windows 7 也让搜索和使用信息更加简单：超级任务栏使界面更加美观，多任务切换更加方便。Windows 7 界面如图 2.4 所示。

同一时期，NT 6.X 系列发行了 Windows Server 2008、Windows Server 2008 R2、Windows Server 2012 和 Windows Server 2012 R2 4 个服务器版本。Windows Server 2008 是专为强化下一代网络、应用程序和 Web 服务的功能而设计的，它建立在 Windows Server 先前版本成功与优势的基础上，提供和管理丰富的应用程序，提供高度安全的网络基础架构，提高和增加技术效率与价值。Windows Server 2012 可以用于搭建功能强大的网站、应用程序服务器与高度虚拟化的云应用环境，无论是大、中型还是小型的企业网络，都可以使用 Windows Server 2012 的管理功能与安全措施来简化网站与服务器的管理，改善资源的可用性，减少成本支出，保护企业应用程序与数据，更轻松有效地管理网站、应用程序服务器与云应用环境。

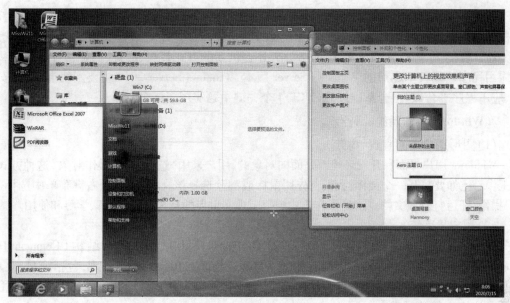

图 2.4　Windows 7 界面

（7）NT 10. X。

Windows 10 预览版初期内核为 NT 6. 4，从 Windows 10 Build 9888 开始，Windows 10 将系统内核由 NT 6. 4 升级为了 NT 10. 0。

Windows 10 是微软于 2015 年发布的产品，相比之前的版本，其在易用性和安全性方面有了极大的提升，不仅融合了云服务、智能移动设备、自然人机交互等新技术和新设备，而且优化和完善了固态硬盘、摄像头和显卡等硬件。此外，为了追赶 Chrome 和 Firefox 等热门浏览器，微软淘汰掉了老旧的 IE 浏览器，带来了 Edge 浏览器。Edge 浏览器虽然尚未发展成熟，但却拥有诸多便捷功能，比如和 Cortana 的整合以及快速分享等。Windows 10 界面如图 2.5 所示。

图 2.5　Windows 10 界面

与此同时,微软先后发布了 Windows Server 2016 和 Windows Server 2019 两个服务器版本的操作系统。Windows Server 2016 引入了新的安全层以保护用户数据和控制访问权限,增强了弹性计算能力,降低存储成本并简化网络,还提供新的方式打包、配置、部署、运行、测试和保护应用程序。相较于之前的 Windows Server 版本,Windows Server 2019 主要围绕混合云、安全性、应用程序平台、超融合基础设施(HCI)4 个关键主题实现了诸多创新。

2. Windows 操作系统的特点

(1)图形用户界面直观、高效。

Windows 用户界面和开发环境都是面向对象的,用户采用"选择对象、操作对象"这种方式进行工作。比如要打开一个文档,我们首先用鼠标或键盘选择该文档,然后从右键菜单中选择"打开"操作,即可打开该文档。这种操作方式模拟了现实世界的行为,易于理解、学习和使用。

(2)用户界面统一。

Windows 应用程序大多符合 IBM 公司提出的通用用户界面体系结构(Common User Interface Architecture,CUA)标准,所有的程序都拥有相同或相似的基本外观,包括窗口、菜单、工具条等。用户只要掌握其中一个软件的使用方法,就很容易学会其他软件,从而降低了用户使用 Windows 的学习成本。

(3)图形操作丰富、即插即用。

Windows 的图形设备接口(GDI)提供了丰富的图形操作函数,可以绘制出诸如线、圆、框等几何图形,并支持各种输出设备,即具有"设备无关性"。设备无关性意味着图形在针式打印机上和高分辨率的显示器上都能显示出相同效果。设备无关性使用户在购买新设备时,不必考虑某个特定的应用软件是否支持该设备,只要确认 Windows 支持就可以。Windows 支持"即插即用"功能,其中包括数百种设备驱动程序,每当有新的外部设备加入系统并在硬件上做好连接后,再次启动系统时会自动检查出该设备,通过对话框引导用户完成驱动程序的安装。

(4)支持多任务。

Windows 是一个多任务的操作系统,它允许用户同时运行多个应用程序或在一个程序中同时做几件事情。每个程序在屏幕上占据一块矩形区域,这个区域称为窗口,窗口可重叠。用户可以移动这些窗口或在不同的应用程序之间进行切换,并可以在程序之间进行手动或自动的数据交换和通信。虽然同一时刻计算机可以运行多个应用程序,但这一时刻仅有一个是处于活动状态的,其标题栏呈现高亮颜色。

(5)支持众多应用软件。

Windows 作为优秀的操作系统,由其开发者——微软公司控制和设计接口并公开标准,因此有大量商业公司基于该操作系统开发商业软件。Windows 中的应用软件不但门类齐全,并且功能完善、用户体验好,为用户提供了极大的方便。譬如,Windows 中众多的媒体应用软件都可供用户搜集和管理多媒体资源,用户只需要使用这些基于系统开发出来的商业软件就可以享受多媒体带来的快乐。

2.1.2 Windows 体系结构简介

操作系统作为一种大型软件,在其发展过程中出现过多种多样的体系结构,概括起来大致可以分为以下 4 种类型:模块组合结构、分层结构、虚拟机结构和客户-服务器结构(又称微内核结构)。历史上众多的操作系统不外乎采用了这些体系结构,例如我们熟知的 DOS 就是"模块组合结构"的代表。作为一个实际应用型的操作系统,Windows 没有单纯地采用某一种体系结构,而是把分层结构操作系统和客户-服务器结构操作系统的特点融合到一起。

　　所谓分层结构,指的是把操作系统的所有功能模块按照调用的次序分别划分为若干层,各层之间的模块只能单向依赖或单向调用。这样做的好处是既把复杂的整体问题分解成了若干易于解决的相对独立的子模块,又使得各个子模块之间的结构关系清晰明了,不容易隐藏潜在的逻辑错误,而且也便于在不同的硬件环境中移植。可以说,Windows 的可靠性、稳定性和可移植性都跟它采用了分层的结构紧密相关。

　　当然,Windows 采用的最主要的结构是客户-服务器结构,因为采用这种结构的操作系统非常适合应用于网络环境。该结构的内核只提供了操作系统最基本的功能,如基本调度操作和中断处理等。微内核结构的优点是可靠、灵活以及适用于网络计算机环境,但也存在着工作效率不高的缺陷。Windows 在设计上没有一味地承袭微内核结构,而是把效率问题更多地考虑了进去,做出了很多改进和优化,例如把文件服务、图形引擎等功能组件植入微内核中,使得 Windows 在效率与稳定之间找到了一个最佳的平衡点。实际测试也表明,Windows 的高效并没有导致其稳定性的降低。

　　下面,需要引入两个重要的概念:核心态(Kernel Mode)和用户态(User Mode),它们各自代表程序不同的运行状态。计算机里运行的程序,不是处于核心态就是处于用户态。而当程序处于用户态时,它为用户服务。例如,当使用 Office 系列软件办公时,这些软件就在为用户服务,所以其运行状态就处于用户态。而当程序处于核心态时,既可为用户服务,又可为系统服务。例如,内存管理器和安全控制程序并非是用户直接需要的,但却必不可少,因为其任务是维护系统稳定,所以要运行在核心态。可见,系统服务是用户服务的前提,因为首先要保证计算机系统能正常地运行,才谈得上为用户提供可靠的服务。若操作系统经常出现"蓝屏"或者"死机"的现象,用户便不能很好地完成工作,因此保证核心态的稳定可靠,是操作系统在设计上必须着重考虑的。

　　Windows 通过硬件机制实现了程序的核心态以及用户态,并为前者赋予了很高的特权,允许处于核心态的程序调用特权指令来封杀任何用户态的程序,而用户态的程序只能调用常规的指令。一般来说,只有那些至关重要的、对性能影响很大的代码和组件才运行在核心态。例如,内存管理器、高速缓存管理器、安全管理器、网络协议、进程管理以及文件系统等就运行在核心态。而用户的应用程序都只准运行在用户态,并且不允许直接访问操作系统的特权代码和数据,以免被恶意的应用程序侵扰。当用户的应用程序试图调用特权指令时,操作系统会借助硬件提供的保护机制剥夺这些程序的控制权并将它们强制关闭。有了这样的保护措施,Windows 既可作为一般的工作平台,又可成为坚固稳定的服务器。

　　有了对核心态和用户态的认识,Windows 体系结构的框架也应运而生,图 2.6 所示的就是以核心态和用户态为划分原则的 Windows 体系结构示意图。

1. 核心态操作系统组件

　　图 2.6 中的加粗线条将 Windows 分为用户态和核心态两部分。加粗线条以下的部分是 Windows 的核心态组件,它们都运行在统一的核心地址空间中。核心态组件包括 5 项:硬件抽象层、设备驱动程序、内核、执行体以及图形引擎。

　　(1)硬件抽象层。

　　硬件抽象层是位于操作系统内核与硬件电路之间的接口层,其设置的目的在于将硬件抽象化。在多种硬件平台上的可移植性是 Windows 设计的一个至关重要的方面,硬件抽象层是除了核心以外完善可移植性的另一个关键部分。在实际的系统中,硬件抽象层表现为一个可加载的核心态模块 HAL. dll,它运行在最靠近硬件的地方;将核心、设备驱动程序以及执行体同硬件分隔开,从而使 Windows 能适应多种硬件平台。

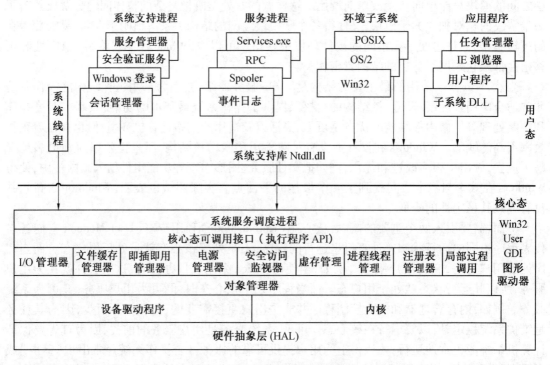

图 2.6　Windows 体系结构示意图

(2)设备驱动程序。

设备驱动程序是一种可以使计算机和设备进行相互通信的特殊程序,相当于硬件的接口。操作系统只有通过这个接口才能控制硬件设备的工作,假如某设备的驱动程序未能正确安装,该设备便不能正常工作。设备驱动程序为应用程序屏蔽了硬件的细节,在应用程序看来,硬件设备只是一个设备文件,应用程序可以像操作普通文件一样对硬件设备进行操作。设备驱动程序包括以下几类:

①硬件设备驱动程序。硬件设备驱动程序将用户的 I/O 函数转换为对特定硬件设备的I/O 请求,再通过硬件抽象层读写物理设备或网络。

②文件系统驱动程序。文件系统驱动程序接受面向文件的 I/O 请求,并把它们转化为对特定设备的 I/O 请求。

③网络重定向程序和服务器系统驱动程序。网络重定向程序和服务器系统驱动程序用于传输远程 I/O 请求。

④过滤器驱动程序。过滤器驱动程序截取 I/O 并在传递 I/O 到下一层之前执行某些增值处理,如加密、磁盘镜像等。

Windows 对"即插即用"和"高级电源选项"有很强大的支持性,它使用 Windows 驱动程序模型(Windows Driver Model,WDM)作为标准驱动程序模型。WDM 是微软专门为以 NT 为核心的 Windows 系统研发的一种分层化的驱动程序模型,并在 Windows 2000 系统中首次应用。从 WDM 的角度看,Windows 中的驱动程序可分为 3 种:

①总线驱动程序。总线驱动程序指计算机体系结构中,控制总线元件实现功能的驱动程

序。它是总线的控制器、适配器和桥接器。

②功能驱动程序。功能驱动程序用于驱动主要设备,提供设备的操作接口。

③过滤器驱动程序。过滤器驱动程序用于为现有驱动或设备添加功能或改变来自其他驱动程序的响应行为和 I/O 请求。这类驱动程序是可选的,并且可以是任意数量的,它存在于功能驱动程序的下层或上层、总线驱动程序的上层。

在 WDM 驱动环境下,不存在由单独的驱动程序来控制某个设备的情况。总线设备驱动程序负责将其上面的设备报告给即插即用管理器,而功能驱动程序则负责操作这些设备。

（3）内核。

内核是一个操作系统的核心,是基于硬件的第一层软件扩充,提供操作系统最基本的功能,负责管理系统的进程、内存、设备驱动程序、文件和网络系统,决定着系统的性能和稳定性。内核的一个重要功能就是把执行体和处理器在体系结构方面的差异隔离开,为执行体提供一组在整个体系结构上语义完全相同、可移植的接口。

内核常驻内存中,并由操作系统提供保护,永远不会被页面调度程序调出内存。不同于其他的用户应用程序和执行主体,内核自身的代码并不以线程的方式运行。它可以被中断例程中断,但是永远不会被抢先。

内核除了实现操作系统的基本功能外,几乎将所有策略的制定都交给了执行体。这充分体现了 Windows 将机制与策略分离的设计思想。

（4）执行体。

Windows 执行体是内核的上层,它由一些重要的组件如系统服务调度进程、核心态可调用接口、对象管理器,以及 I/O 管理器等组成,作用是为用户态的用户进程提供函数的调用,使用户进程的功能得以实现。从外部看,用户发布的任务都好像是在执行体中完成的,而实际上执行体的功能是建立在调用核心"内核对象"基础上的,这样就避免了用户进程直接调用核心的情况出现,减少了不稳定因素的产生。下面简要描述几种主要的执行体组件。

①I/O 管理器。I/O 管理器为应用程序提供访问 I/O 设备的统一框架,负责分发适当的设备驱动程序,并且实现所有的 I/O API。

②文件缓存管理器。文件缓存管理器为文件系统提供统一的数据缓存执行,允许文件系统驱动程序将磁盘上的数据映射到内存中,并通过内存管理器来协调物理内存的分配。

③即插即用管理器。即插即用管理器负责列举设备,并为每个列举到的设备确定哪些驱动程序是必需的,然后加载并初始化这些驱动程序。当它检测到系统中的设备变化时,负责发送合适的事件通知。

④安全访问监视器。安全访问监视器组件强制在本地计算机上实施安全策略,守护操作系统的资源,执行对象的保护和审计。

⑤内存管理器。内存管理器组件提供了虚拟内存功能,既负责系统地址空间的内存管理,又为每个进程提供了一个私有的地址空间,并且也支持进程间的内存共享。

⑥进程线程管理器。进程线程管理器负责创建以及终止进程和线程。内核层提供对于进程和线程的底层支持,执行体在内核层的基础上又添加了一些语义和功能。

（5）图形引擎。

图形引擎的用处是提供实现图形用户接口（GUI）的基本函数。在 Win32 子系统中已经包含了图形设备接口（GDI）,但其图形功能有限,不能满足高质量图形应用的要求,为此采取了将图形系统移入核心态来运行的策略,以提高图形处理能力。可以说,核心态的图形引擎是塑造出 Windows 华丽外表的"艺术师"。

2. 用户态进程

图 2.6 中加粗线条上方的部分代表了用户态进程,Windows 的用户态进程具有 5 种基本类型,分别是系统支持进程、服务进程、环境子系统、应用程序以及系统支持库。另外,子系统动态链接库也归类于用户态。

在介绍上述 5 种类型的用户态进程之前,需要先引入"进程"的概念,凡是研究操作系统,都会涉及这个概念。"进程"就是程序的执行过程。程序通常以文件形式静态地存放在磁盘上,而当程序被执行时,会产生一个动态的执行过程,于是就引入了"进程"一词来描述这个动态的过程。所以,每一个处于运行状态的程序都对应了一个相应的进程。例如,当用户在使用 Microsoft Word 时,系统就会创建一个映像名称为 Winword. exe 的进程。为了能更细致地描述程序的执行过程,又引入了"线程"的概念,一个进程可以被细化为一个或多个线程。用线程来描述程序的执行过程会更深入和更精确。

(1)系统支持进程。

系统支持进程虽然处于用户态,但却是由操作系统启动的。在 Windows 中,属于该类型的进程主要有:System Idle 进程,用于统计 CPU 的空闲时间;System 进程,是系统核心操作的载体;会话管理器(SMSS. exe),主要用于系统初始化工作;登录进程(Winlogon. exe),用于处理用户的登录和注销请求,按下"Ctrl+Alt+Del"组合键时,可以激活该进程;本地安全身份验证服务器(Isass. exe),用于接收来自登录进程的身份验证请求,然后调用适当的身份验证机制来完成实际的验证;服务管理器,作为操作系统中的一个重要组件,用于管理计算机上运行的所有服务,用户可以使用服务管理器启动、停止和配置系统服务,查看服务状态,控制服务自动启动。

(2)服务进程。

服务进程对应的程序实体是 Win32 模式的程序。在客户-服务器结构的 Windows XP 系统中,这些服务进程完成的其实是服务器的功能。例如,Services. exe、Spoolsv. exe、Svchost. exe、Winmgmt. exe 等程序,在执行时都归类于服务进程。

(3)环境子系统。

环境子系统又称虚拟机,它是 Windows 操作系统实现兼容性的一个重要组成部分,其主要任务就是接管 CPU 或 OS(操作系统)的每个二进制代码请求,并把它们转换成相应的指令,使 Windows 能够成功地执行。Windows 与其他软件的兼容性主要包括与应用系统 DOS、OS/2、LAN Manager 和符合 POSIX 规范的系统的兼容性。

环境子系统的作用是向应用程序提供必要的运行环境。也就是说,应用程序的执行实际上是通过调用环境子系统提供的功能函数实现的。在此前的 Windows 2000 操作系统中,提供了 3 种环境子系统:Win32、POSIX(Unix 类型的子系统)和 OS/2(用于 x86 系统);而在 Windows XP 中,去掉了后两者,只保留了 Win32 环境子系统。其他环境子系统均需通过 Win32 子系统来接收用户的输入与输出。Win32 需始终处于运行状态,否则 Windows 将无法正常工作。Win32 包含以下重要组件:

①Win32 环境子系统进程 CSRSS,用来支持控制台窗口,创建、删除进程与线程等。

②核心态设备驱动程序,包括管理屏幕输出、收集有关输入信息、控制窗口显示、把用户信息传送给应用程序功能。

③图形设备接口(GDI),是用于图形输出设备的函数库,包括文本、线条、绘图和图形操作函数。

④子系统动态链接库。子系统动态链接库是专门设计用于特定操作系统环境或特定子系统中运行的一种动态链接库操作系统。

⑤图形设备驱动程序,包括图形显示驱动程序、打印机驱动程序和视频小端口驱动程序。

⑥其他混杂支持函数。

当一个应用程序调用子系统动态链接库中的函数时,会出现下面 3 种情况之一:

①函数完全在子系统动态链接库的用户态部分中实现,这时并没有消息发送到环境子系统进程,也没有调用执行体服务。函数在用户态中执行,结果返回给调用者。

②函数需要一个或多个对执行体系统服务的调用。

③函数要求某些工作在环境子系统进程中进行。在这种情况下,将产生一个客户-服务器请求到环境子系统,其中的一个消息将被发送到子系统去执行某些操作,这可能会使用执行体的本地过程调用(LPC)机制。子系统动态链接库在消息返回给调用者之前会一直等待应答。

(4)应用程序。

所有由用户启动的、被用户直接使用的程序都属于应用程序的范畴。Windows 支持的应用程序类型包括 Win32 模式、Windows 3.1 模式和 MS-DOS 模式。例如,上网用的 IE 浏览器、办公用的 Office 系列软件、听音乐用的 Winamp 播放器以及用于查看进程的任务管理器(Taskmgr.exe)等都属于应用程序。

(5)系统支持库。

系统支持库是操作系统中包含的一些软件组件,主要用于子系统的动态链接。它包含两种类型的函数:

①系统服务分发存根,在用户模式下可通过这些函数调用 Windows 执行体的系统服务。

②内部支持函数,供子系统、子系统 DLL 及其他的原生镜像文件使用。

2.1.3　Windows 用户接口

用户接口是计算机系统与用户之间进行交互和通信的媒介,能够实现信息的内部形式与人类可理解的外部形式之间的转换,方便用户使用计算机资源。对用户而言,计算机系统是否方便易用很大程度上取决于其用户接口的设计。Windows 中的用户接口有 3 种:命令接口、应用程序接口和图形用户接口。

1. Windows 的命令接口

Windows 具备字符命令级接口——命令解释器程序。命令解释器是一个独立的软件程序,能使用户和操作系统之间进行直接通信。早期的计算机并不具备简单直观的图形界面,必须通过一个个的命令来控制计算机,这些命令数量庞大并且十分枯燥,只有专业人员才能使用。而命令解释器能够执行程序并在屏幕上显示其输出。用户输入命令行启动某个程序,计算机需要查找该程序在硬盘上的安装位置,然后将其加载到内存运行,从而控制计算机。实际上,只有操作系统内核才能够真正控制计算机硬件,如 CPU、内存、显示器等,命令行的作用是在用户和内核之间架起一座桥梁,这座桥梁能够简化用户的操作并且保护操作系统内核。Windows 的命令解释器是 Cmd.exe,使用"Windows+R"组合键然后输入"cmd",点击确定就能进入该程序,如图 2.7 和图 2.8 所示。

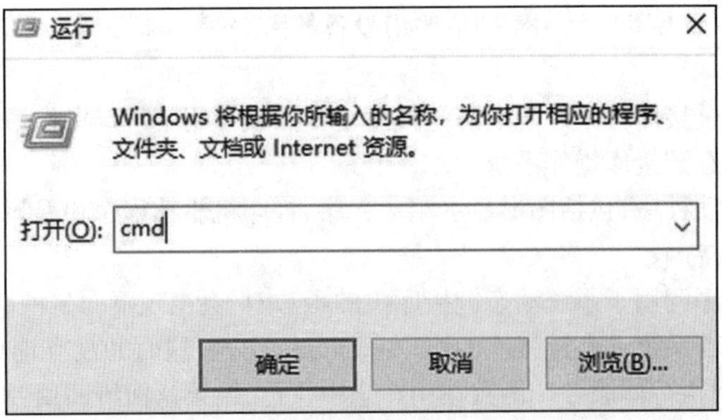

图 2.7   Cmd. exe 的打开方式

图 2.8   Cmd. exe 界面

Cmd. exe 能够检查用户输入的命令是否正确,若输入的命令正确则加载程序,将用户正确的输入转换为操作系统可理解的形式。虽然字符界面的命令行看似已经过时,但是不可否认它比 GUI(图形用户界面)程序在某些方面的表现更具优势。在 Windows 10 下,如果用户想查看本机 IP 地址,只要在命令行输入"ipconfig",按"Enter"键即可;但是如果使用图形化界面进行操作,则需依次点击控制面板、网络和 Internet、网络和共享中心、已接入的网络、详细信息,才能查看本机 IP 地址。除此之外,命令行工具软件一般小而精悍,而图形化软件往往会占用更多的存储资源。并且通过学习使用 Windows 命令行,可以更深入地了解 Windows 的工作方式和运行原理。命令行版本的软件具有运行速度快、占用资源少、可通过脚本进行批量处理等优点,在操作系统中是必不可少的。

Windows 用户可以使用命令解释器创建并编辑可自动执行常规任务的批处理文件(Batch File,也称作脚本)。它是一种文本文件,其中包含一系列的命令,由命令解释器解释执行,文件扩展名通常为 . bat。Windows 从 Windows 98 版本开始就已经对脚本提供了支持,从 Windows 2000 开始,脚本已经发展为 Windows 强有力的工具,可以完成许多日常工作,如运行应用程序、读写注册表等。脚本可以接受命令行上所有可用的命令,当在"命令提示符"下输入脚本文件的名称时,文件中的命令将按顺序执行。编写脚本文件时,可以使用标准程序控制结构的程序控制命令,如 if、goto 语句和 for 循环等。

Windows 对 MS-DOS 支持的命令进行了升级和拓展,表 2. 1 为 Windows 常用命令列表。

表 2.1　Windows 常用命令列表

命令类别	命令名	说　明
文件系统命令	attrib	显示或更改文件属性
	convert	将 FAT 卷转换为 NTFS
	defrag	磁盘碎片整理程序。合并本地卷中碎片文件,以提高系统性能
	dispart	管理磁盘、分区或卷,可新建、删除等
	expand	展开一个或多个压缩文件(.cab 格式)
	fc	比较两个文件或两个文件集并显示它们之间的不同
	move	移动文件并重命名文件和目录
	subst	将路径与驱动器号关联或者解除关联。无参数将显示虚拟驱动器列表
	tree	以图形的方式显示驱动器或路径的文件夹结构
命令管理	at	安排在特定日期和时间运行的命令和程序。需开启计划服务
	exit	退出当前 Cmd.exe 程序或批处理脚本
	help	提供 Windows 命令的联机帮助信息
	reg	对注册表项信息和项值执行添加、更改、导入、导出等操作命令前缀
	regedit	注册表编辑器
	regsvr32	在注册表中作为命令组件注册.dll 文件
	set	显示、设置或删除 Cmd.exe 的环境变量
	taskkill	根据进程 ID 或映像名称终止任务
	tasklist	显示本地或远程机器上当前运行的进程列表
网络相关命令	arp	显示和修改地址解析协议(ARP)使用的"IP 到物理地址"转换表
	ftp	访问文件传输协议(FTP)服务器,上传或下载文件
	hostname	显示当前主机的名称
	ipconfig	显示绑定到 TCP/IP 的适配器 IP 地址、子网掩码、默认网关等配置值
	net	许多服务使用的网络命令前缀,如 net[config|send|session|start]等
	netstat	显示协议统计和当前 TCP/IP 网络连接
	ping	通过发送 ICMP 回送请求来验证能否与另一台主机交换数据包
	telnet	登录运行 Telnet 协议服务器程序的远程计算机

2. Windows 的应用程序接口

应用程序接口又称作应用编程接口。它是一组预先定义好的函数,能够被各种语言的程序所调用却无须访问源码或理解内部工作机制的细节,是应用软件与 Windows 系统最直接的交互方式。API 本身是抽象的,它仅仅定义了一个接口,而不涉及应用程序在实现过程中的具体操作。例如,在 Java 中,当用户要实现数组排序功能时,无须手写排序算法,只需调用 Arrays.sort()函数即可。API 是用户程序请求 Windows 操作系统服务或调用功能的唯一途径,通过使用 Windows API 编程,用户既能加快进程,又能具备对程序执行的绝对控制权,并且用户对 Windows 系统的内部运行机制也会有更加深入的了解。API 函数是直接针对 Windows 底层的,利用简单的语句就能实现对系统功能的调用,然而在实际项目中直接调用 API 是比较烦琐的,这时就需要用到软件开发工具包(Software Development Kit,SDK),它是第三方服务商提供的实现产品软件某项功能的工具包,我们所熟知的 Java 的 JDK 就是一种 SDK。SDK 相当于开发集成工具环境,API 是数据接口,API 可以在 SDK 提供的环境里被请求。

从 Windows 1.0 起,系统就提供了 API 函数的调用。API 函数随着系统的不断升级也得到了不断扩充,并且向下兼容。到了现在,API 函数已经扩充到了几千个。Windows 通过 Kernel、User 和 GDI 3 个组件实现对 API 的支持。其中 Kernel 包含大多数操作系统开放的服务和功能函数,如进程管理和内存管理;User 则集中了窗口函数,如窗口的移动、创建、撤销,以及其他相关函数;GDI 包含了图形设备接口,如打印函数、画图函数等。这 3 个组件的代码可以被所有应用程序所共享。表 2.2 中列出了 Windows API 进程管理类函数(部分)。

表 2.2　Windows API 进程管理类函数(部分)

函数名	功　能
CreateProcess	建立进程
ExitProcess	终止本进程
CreateEvent	创建事件对象
FreeLibrary	释放指定的动态链接库
GetExitCodeProces	获取一个已中断进程的退出代码
GetPriorityClass	获取指定进程的优先级
ShellExecute	查找与指定文件关联在一起的程序的文件名
DisconnectNamedPipe	断开一个客户与一个命名管道的连接
LoadModule	载入一个 Windows 应用程序,并在指定的环境中运行

3. Windows 的图形用户接口

图形用户接口(GUI),意为采用了图形的方式显示计算机的操作界面,它也是计算机与用户之间交流的接口,是计算机系统必不可少的重要组成部分。GUI 的本质是将命令接口的形式由字符转化为图形,它采用了 WIMP 技术(即窗口、图标、菜单和鼠标指针设备),与传统的命令接口相比,它的优势在于更加直观、易用并且学习成本低,有利于激发用户使用计算机的兴趣。GUI 的广泛应用是当今计算机发展的重大成就之一,它使普通用户不再需要死记硬背海量的命令,而是通过窗口、菜单、按键等方式方便地进行操作,在手机、计算机、车载系统、智能家电、数码产品等领域都有着广泛的应用。GUI 是近年来最流行的联机用户接口形式,代价是对系统资源的占用和浪费。Windows 是由微软公司开发的全球最流行的 GUI,也是 PC 用户最熟悉的一种 GUI。

所有的 GUI 都是事件驱动的。事件可由用户触发,用户通过动作产生新的事件,并驱动程序进行工作,事件的本质就是给应用程序发送消息。计算机系统都具有基于中断技术的消息处理系统。系统和用户可以将命令定义为一个菜单、按钮或图标,当用户进行选择和点击操作时,系统就会执行这条命令。

微软于 2001 年 2 月 5 日发布了 Windows XP 系统,Windows XP 在当时具备很多的创新点,尤其是被称作"月神"的图形用户界面十分豪华亮丽,用户可以方便地使用鼠标、键盘、图标按钮、菜单、表单、滚动条和对话框与系统进行交互。除了 UI 界面,Windows XP 还改进了性能,使运行速度更快更稳定。虽然现在微软已经对 Windows XP 停止了技术支持,但其仍是微软历史上最成功的操作系统之一,具有里程碑式的意义。

2.1.4　Windows 注册表

注册表是一个十分巨大的具备树状分层结构的数据库,用于储存系统和应用程序的设置信息。注册表中记录着用户的配置文件、计算机的硬件配置、软件和程序的关联信息等重要文件,能够对系统硬件设施和软件配置等信息进行统一管理,增强了系统的稳定性。由此可见,注册表是不可以被随意更改的,如果注册表被破坏,轻则使系统启动时发生异常,重则会导致系统完全瘫痪。

在 Windows 启动时,注册表会对照本机已有的硬件配置数据,检测新的硬件信息;系统内核从注册表中选取信息,包括要装入的设备驱动程序、装入次序、内核传送回的自身信息等。与此同时,设备驱动程序也向注册表传送数据,并从注册表接收、装入和配置参数。另外,设备驱动程序还会告诉注册表它在使用什么系统资源,如硬件中断或 DMA 通道等。

早期的 Windows 系统中并没有注册表,而是由 5 个系统配置文件来实现类似的功能,分别是 System. ini、Win. ini、Control. ini、Program. ini 和 Winfile. ini。由于这些初始化配置文件不便于维护和管理,导致经常出现因 ini 文件被破坏而无法启动系统的问题。随后,设计师们将注册表的概念引入了 Windows 95,将大部分 ini 文件中的信息移植到了注册表中,系统稳定性有了很大提升。在后来版本的 Windows 中,注册表被不断完善并保留至今。

1. 注册表的数据结构

注册表由键(也称为主键或项)、子键(子项)和值项构成,子键也是键的一种。一个键就是某个分支中的一个文件夹,它的子键为该文件夹中的子文件夹。值项则是一个键当前的属性,由名称、数据类型和数据组成。一个键可以有一个或者多个值项,每一个值项都有不同的名称,若名称为空,则它是该键的默认值。

打开注册表编辑器(Windows 10 中在状态栏的搜索框内输入"regedit"可打开),其窗口界面如图 2.9 所示。可以观察到 ActivatingDocument 键是 EventLabels 的子键,其有两个值项,(默认)表示第一个值项的名称为空,是该键的默认值,数据类型是 REG_SZ,数据值为 Complete Navigation。

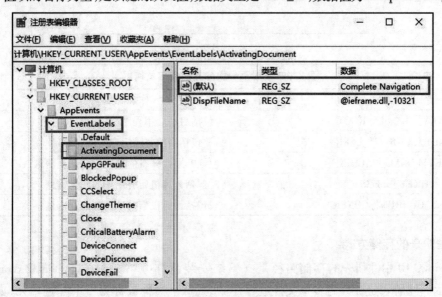

图 2.9　注册表编辑器窗口界面

2. 注册表的数据类型

注册表主要包含以下5种数据类型(表2.3)。

表2.3　注册表的主要数据类型

显示类型(在编辑器中)	数据类型	说　明
REG_SZ	字符串	文本字符串
REG_BINARY	二进制数	二进制值,以十六进制显示
REG_DWORD	双字值	一个32位的二进制值,显示为8位的十六进制值
REG_MULTI_SZ	多字符串	含有多个文本值的字符串
REG_EXPAND_SZ	可扩充字符串	—

除此之外,注册表还有一些其他不常用的数据类型,如下所示:
①REG_DWORD_BIG_ENDIAN。
②REG_DWORD_LITTLE_ENDIAN。
③REG_FULL_RESOURCE_DESCRIPTORREG_QWORD。
④REG_FILE_NAME。

3. 注册表的分支结构

注册表具有5个一级分支(根键),如图2.10所示,其名称及作用见表2.4。

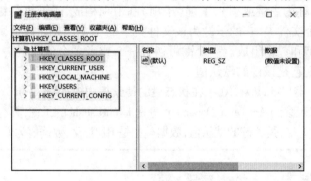

图2.10　注册表的一级分支

表2.4　注册表一级分支的名称及作用

名　称	作　用
HKEY_CLASSES_ROOT	包括启动应用程序所需的全部信息
HKEY_CURRENT_USER	包括当前登录用户的配置信息
HKEY_LOCAL_MACHINE	包括本地计算机的软硬件和系统信息
HKEY_USERS	包括计算机所有用户的配置信息
HKEY_CURRENT_CONFIG	包括计算机当前的硬件配置信息

4. 注册表的存储方式

Windows 10中注册表的存储路径是:(系统安装盘符:)\Windows\System32\config,如图2.11所示。注册表是被分为多个文件进行存储的,每个文件被称为一个配置单元,如图2.11中的DEFAULT、SECURITY等。注册表文件不可以像.txt格式的文件一样被直接打开编辑。

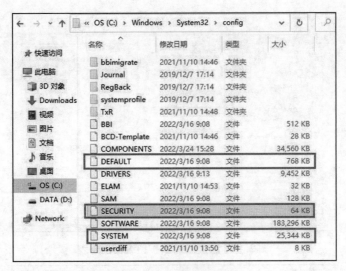

图 2.11　注册表的存储位置

5. 编辑注册表

使用注册表编辑器可以对注册表进行编辑,在注册表编辑器打开后的页面选择某个键,在其名称处单击鼠标右键,可以对其进行修改、删除等操作,如图 2.12 所示(对类型及数据的操作同理)。选择某个键或其属性值后也可以通过菜单栏中的"编辑"按钮进行新建、修改权限、删除等操作,如图 2.13 所示。

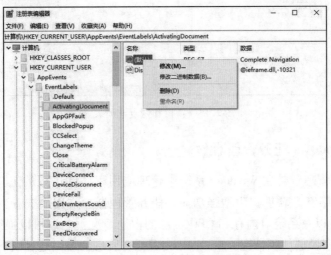

图 2.12　通过单击鼠标右键编辑键名

除了编辑本机的注册表数据,用户还可以通过"文件"菜单下的"导出""导入"功能对注册表进行备份和恢复,如图 2.14 所示。

除了使用注册表编辑器,还可以用其他方法编辑注册表,如使用脚本、第三方软件等。需要注意的是,注册表是 Windows 操作系统的核心,无论是使用注册表编辑器还是其他软件,一旦注册表修改不当,都可能导致 Windows 系统的部分功能失效甚至导致系统崩溃,因此用户必须自行承担更改注册表的风险。建议用户在编辑注册表之前对其进行备份。

图 2.13　通过"编辑"按钮编辑注册表

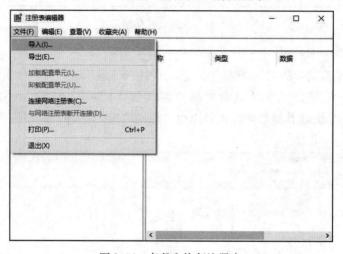

图 2.14　备份和恢复注册表

2.1.5　Windows 任务管理器

Windows 任务管理器是在 Windows 系统中管理应用程序和进程的工具,一般由 Windows 本身提供,也可由第三方软件提供增强功能。任务管理器允许用户查看当前运行的程序、进程、用户、网络连接以及系统对内存和 CPU 资源的占用情况。它还可以强制一些程序和进程结束,并监控系统资源的使用情况。Windows 内置任务管理器可以通过以下 3 种方式打开:

(1)在任务栏单击鼠标右键并选择"任务管理器"选项。

(2)使用快捷键"Shift+Ctrl+Esc"直接启动。

(3)使用快捷键"Ctrl+Alt+Del"启动,但在 Windows Vista 及更高版本的操作系统中,使用 "Ctrl+Alt+Del"快捷键后需单击选择"任务管理器"才能启动。

通常,Windows 用户启动任务管理器后,可以在应用程序选项卡中终止任务、切换程序和创建新任务。使用 Windows 任务管理器获得的运行程序信息主要是程序的运行状态,如"正在运行"或"失去响应"等。而所获得的进程信息包括 CPU 和内存使用、页面错误、句柄计数、线程计数、基本优先级、进程数量、进程标识和用户对象等的参数信息。使用 Windows 任务管理器查看的计算机性能包括 CPU 和内存使用情况图表、计算机上运行的句柄、线程和进程的总数,以及物理、核心和批准的内存总量(kB)。

　　用 Windows 任务管理器终止进程非常简单。只需单击"进程"选项卡,然后单击要终止的进程,最后单击"结束进程"。但是在终止进程时要小心,如果结束应用程序,将丢失未保存的数据。如果系统服务被终止,系统的某些部分可能无法正常工作。使用 Windows 任务管理器终止程序也很简单,只需单击应用程序选项卡,然后单击要结束的任务,最后单击结束任务按钮。如果程序停止响应,启动任务管理器后单击应用程序选项卡,单击没有响应的程序,然后单击结束任务按钮即可终止运行程序。

2.2　Windows 使用级实践内容

2.2.1　安装 Windows 10

1. 将 Windows 10 安装到 VMware Workstation 虚拟机

若计算机原系统非 Windows 10 而又想体验 Windows 10 拥有的功能,可通过虚拟机来实现。虚拟机是通过软件模拟出的一个具有完整硬件系统功能的且完全隔离于原系统的完整计算机系统,它能实现实体计算机系统几乎所有的功能。一台计算机可安装多个操作系统,包括 Windows 和 Linux。各个虚拟机和原系统之间能相互对话,安装虚拟机时也无须对硬盘进行重新分区。在众多虚拟机软件中,VMware Workstation 是一个操作简单、应用广泛的虚拟机软件。这里通过 VMware Workstation 来演示虚拟机安装 Windows 10 的步骤。

　　(1)打开 VMware 虚拟机,点击"创建新的虚拟机",如图 2.15 所示。

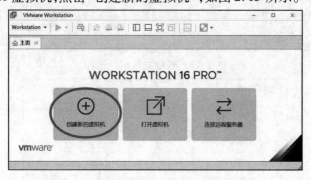

图 2.15　VM 虚拟机页面

　　(2)选择"典型"后,点击"下一步",如图 2.16 所示。

　　(3)选择"安装程序光盘映像文件",点击"浏览",找到下载好的 Windows 10 ISO 镜像文件后点击"打开",接着点击"下一步",如图 2.17 所示。

　　(4)Windows 产品密钥可以选择性填写,全名为虚拟机的用户名,密码为虚拟机的开机密码(可不填),之后点击"下一步",如图 2.18 所示。

　　(5)若未输入 Windows 产品密钥则选择"是",输入密钥则不会出现图 2.19 所示弹窗。

　　(6)设置虚拟机名称和虚拟机路径,尽量不要将虚拟机安装在系统盘,完成后点击"下一步",如图 2.20 所示。

图 2.16 虚拟机向导页面

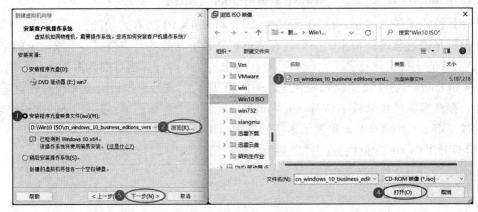

图 2.17 映像文件路径选择

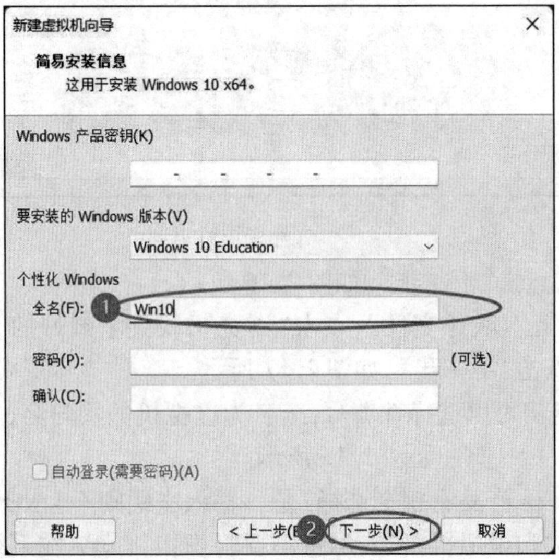

图 2.18 安装信息

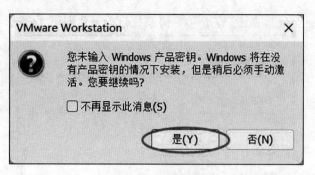

图 2.19　弹窗选择

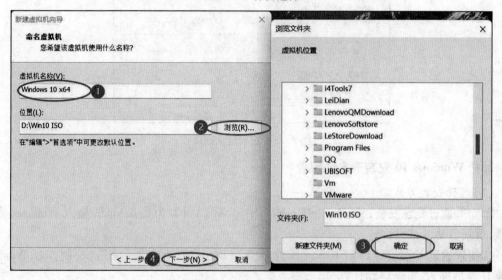

图 2.20　虚拟机命名与位置选择

（7）指定磁盘容量可选择默认设置，点击"下一步"，如图 2.21 所示。

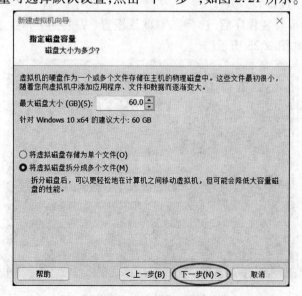

图 2.21　磁盘设置

(8)确认好安装信息后,点击"完成",等待系统自动安装即可,如图 2.22 所示。

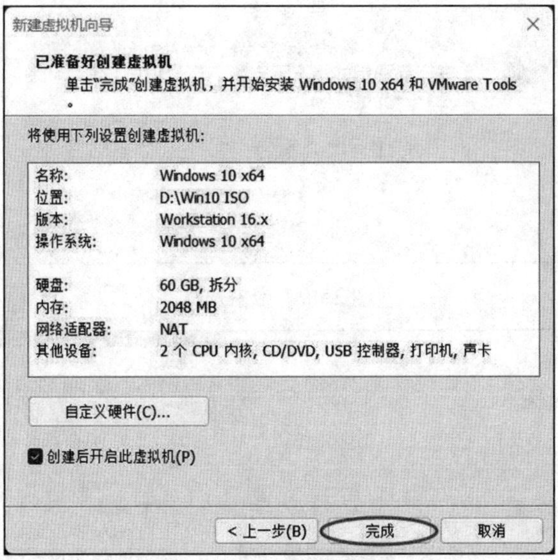

图 2.22   安装信息确认

2. 把 Windows 10 安装到本地硬盘

(1)选择安装方式。

①如果通过光盘安装,将 BIOS(基本输入输出系统)设置为光盘启动,插入 Windows 安装光盘,重新启动计算机。

②如果通过 U 盘安装,将 BIOS 设置为 U 盘启动,从官网下载系统镜像,制作好 Windows 安装 U 盘后插入,重新启动计算机。

(2)对硬盘进行分区,留出足够的空间安装系统。

(3)按照系统提示逐步装入系统。

①在开始 Windows 安装程序后,选择基本默认设置(从上到下依次为中文、中文、微软拼音),点击"下一步",如图 2.23 所示。

图 2.23   Windows 安装程序

②点击"现在安装",如图 2.24 所示。

图 2.24 Windows 安装程序

③选择合适的操作系统版本,点击"下一步",如图 2.25 所示。

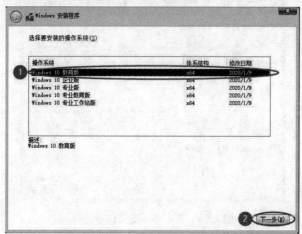

图 2.25 Windows 安装版本选择

④点击"我接受许可条款"后点击"下一步",如图 2.26 所示。

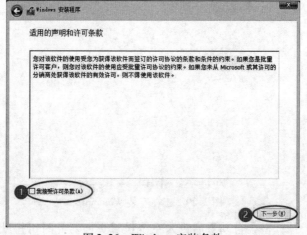

图 2.26 Windows 安装条款

⑤选择并点击"自定义:仅安装 Windows(高级)",如图 2.27 所示。

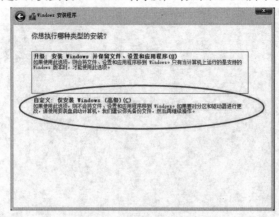

图 2.27　Windows 安装类型

⑥选中 Windows 10 的安装磁盘后,点击"下一步",如图 2.28 所示。

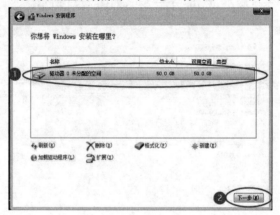

图 2.28　Windows 安装磁盘选择

⑦等待 Windows 安装完成,期间会经历多次重启,如图 2.29 所示。

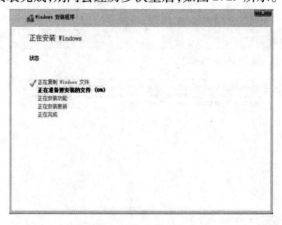

图 2.29　正在安装 Windows

(4)安装完成后,计算机会自动重启进入系统设置页面。此时可按默认值配置系统,也可按需求修改配置。

①区域设置:设置地区为中国后点击"是",如图 2.30 所示。

图 2.30　Windows 区域设置

②键盘设置:选择键盘为微软拼音后点击"是",之后按需设置第二种键盘布局,没有需要则点击"跳过",如图 2.31 所示。

图 2.31　Windows 键盘设置

③帐户设置:登录帐户可在进入系统后设置,装机阶段建议直接点击"下一步",如图 2.32 所示。

图 2.32　Windows 帐户设置

④用户名设置:输入用户名后点击"下一步",如图 2.33 所示。

图 2.33　Windows 用户名设置

⑤登录密码设置:设置并确认登录密码,设置和确认时都点击"下一步",如图 2.34 所示。

图 2.34　Windows 登录密码设置

⑥其他隐私设置:按需接受或拒绝后续的隐私设置,这里推荐使用默认设备,如图 2.35 所示。

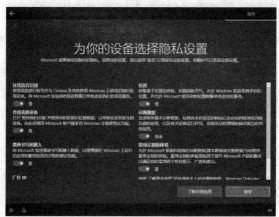

图 2.35　Windows 隐私设置

⑦等待几分钟后便可进入系统界面,如图 2.36 所示。

图 2.36　Windows 系统界面

2.2.2　Windows 10 操作系统界面认识

(1)熟悉 Windows 10 开机后登录系统和关机退出系统的过程。

(2)熟悉 Windows 10 字符界面——"命令提示符"窗口,按"Windows+R"打开"运行",输入"cmd"后按"Enter"键或在任务栏的搜索框键入"cmd",从搜索结果中单击"命令提示符"以进入"命令提示符"窗口。练习并掌握常用的 Windows 10 操作命令,如 dir、type、edit、cd、copy、xcopy、del、help、exit、ping、netstat、ipconfig、regedit 等。熟悉常用的 Windows 10 命令行提示符。熟悉字符窗口与图形界面之间的切换。熟悉 Windows 10 的"工作桌面""开始程序组"及"任务栏"的组成内容。

(3)学习使用 Windows 10 的在线帮助系统,如"F1"键和使用入门应用等。

(4)熟悉 Windows 10"资源管理器"或"我的电脑"的窗口组成和功能。

(5)了解 Windows 10"管理工具"的具体内容。

2.3　Windows 系统管理级实践内容

2.3.1　在 Windows 10 中添加、删除用户

1. Windows 10 添加用户

(1)按"Windows"键打开系统菜单,在"Windows 系统"下找到"控制面板",点击打开后点击"用户帐户",如图 2.37 所示。

(2)打开控制面板的用户帐户界面后,接着点击"用户帐户",在打开的页面点击"管理其他帐户",如图 2.38 所示。

(3)在管理其他帐户界面点击"在电脑设置中添加新用户"后,点击"将其他人添加到这台电脑",如图 2.39 所示。

图 2.37　Windows 控制面板的打开

图 2.38　Windows 用户帐户页面

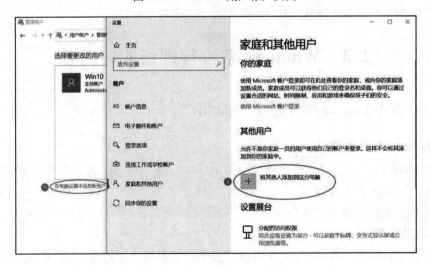

图 2.39　Windows 添加新用户

（4）如果要登录在线微软帐户，则输入邮箱帐号和登录密码。若添加本地用户，则依次点击"我没有这个人的登录信息""添加一个没有 Microsoft 帐户的用户"，如图 2.40 所示。

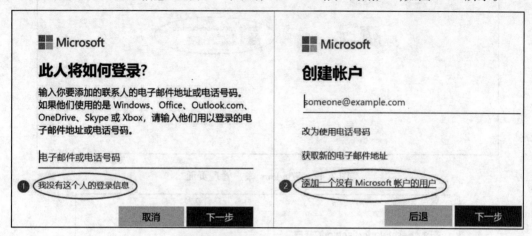

图 2.40　Windows 用户创建

（5）在创建本地用户界面，输入用户帐号后，可选择性填写用户名和密码，最后点击"下一步"便可成功创建用户，如图 2.41 所示。

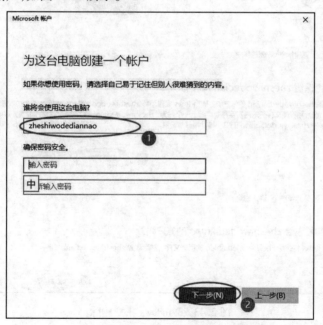

图 2.41　Windows 输入新用户帐户密码

2. Windows 10 删除用户

（1）在图 2.38 所示页面点击"管理其他帐户"后，点击需要删除的用户，如图 2.42 所示。

（2）在更改帐户页面点击"删除帐户"，按需选择"删除文件"或者"保留文件"，最后点击"删除帐户"便可成功删除所需删除帐户，如图 2.43 所示。

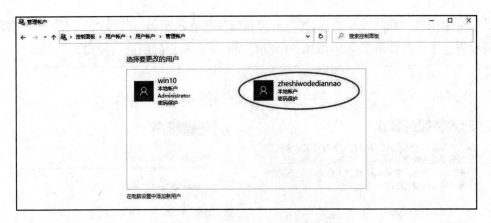

图 2.42   Windows 帐户管理页面

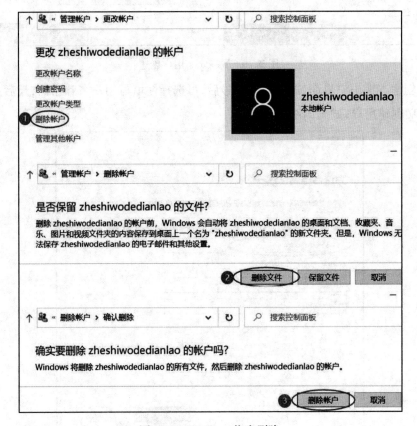

图 2.43   Windows 帐户删除

2.3.2   Windows 10 的基础配置

1. 桌面图标设置

Windows 10 新装系统中一般只有"回收站"等少数图标,若想显示"我的电脑"等图标或屏蔽部分图标则需进行以下设置:

(1)在桌面空白处单击鼠标右键,点击"个性化"。

（2）点击"主题"后下滑找到"桌面图标设置"并单击，如图 2.44 所示。

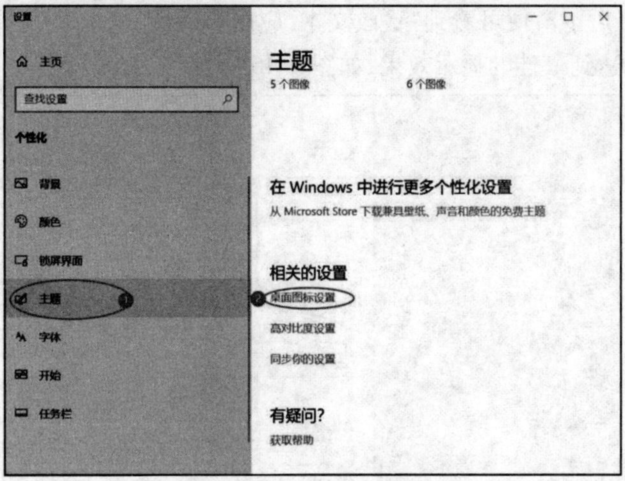

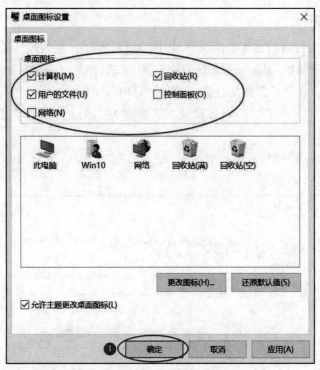

图 2.44　Windows 图标设置

（3）按需选择自己想要显示或关闭的图标后点击"确定"（图 2.45），桌面便可显示所需的图标。

图 2.45　Windows 图标增加

2. 分辨率和字体大小设置

Windows 10 在大多数情况下可自适应显示器分辨率并进行调整。但若系统未成功显示正确的分辨率，则需进行设置更改。当显示器分辨率过高时，Windows 10 会出现字体模糊的情况，此时需要调整字体的缩放比例来完成适配。

（1）单击鼠标右键并点击"显示设置"。

（2）点击"显示"后下滑便可看到"更改文本、应用等项目的大小"和"显示分辨率"的调整框，按需进行调整以达到最佳的显示效果，如图2.46所示。

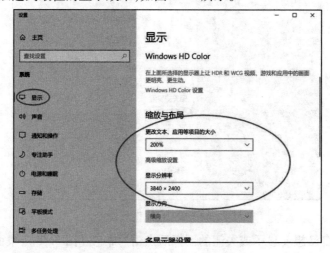

图2.46　Windows 显示设置

3. 关闭自动更新

Windows 10 作为目前的主流操作系统，其自动更新机制一直为人所诟病。更新的系统补丁或驱动可能会带来新的问题，导致系统发生蓝屏、死机、黑屏、性能降低等意外情况。并且系统的自动更新可能会在用户急需用计算机的时候启动，此时无法使用计算机或重启，强行使用可能会导致系统损坏。为了不影响计算机的正常使用，建议关闭自动更新，具体操作步骤如下。

（1）按"Windows+R"键打开运行对话框，输入命令"services. msc"后点击下方的"确定"，打开服务页面，如图2.47所示。

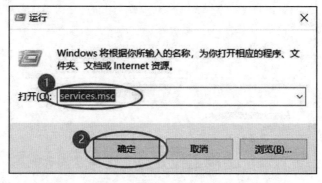

图2.47　Windows 运行页面

（2）在 Windows 10 服务设置中找到"Windows Update"选项，并双击打开，如图2.48所示。

（3）在"Windows Update"属性设置中，点击"常规"，将启动类型改为"禁用"，再点击下方的"停止"。接下来再切换到"恢复"页面，将"第一次失败"的"重新启动服务"改为"无操作"，完成后依次点击下方的"确定"和"应用"，如图2.49所示。

图 2.48　Windows 服务页面

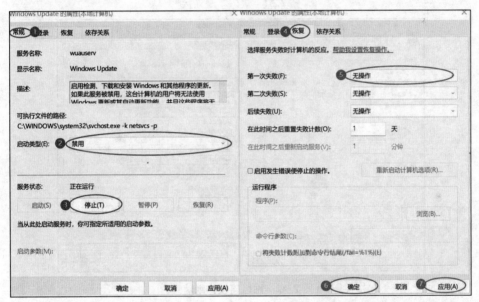

图 2.49　关闭 Windows Update

4. 网络配置

（1）选中计算机桌面上的"网络"图标，单击鼠标右键，点击"属性"，如图 2.50 所示。

（2）进入"网络和共享中心"页面，点击"Ethernet0"进入本地连接，如图 2.51 所示。

（3）点击"详细信息"，进入网络连接详细信息页面，页面显示网络连接的详细信息，如图 2.52 所示。

下面对部分网络连接信息进行简要描述：

①物理地址。网卡物理地址存储器中存储单元对应的实际地址称为物理地址，与逻辑地址相对

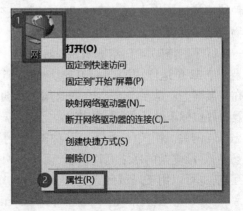

图 2.50　打开网络属性

应。网卡的物理地址通常是由网卡生产厂家写入网卡的 EPROM(一种闪存芯片,通常可以通过程序擦写),它存储的是传输数据时真正赖以标识发出数据的计算机和接收数据的主机地址。

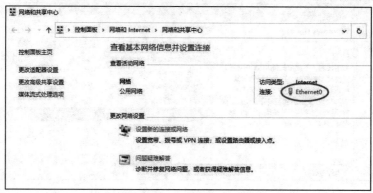

图 2.51　进入本地连接

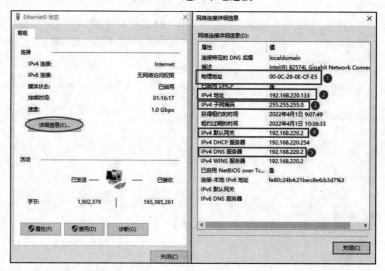

图 2.52　网络连接详细信息

②IP 地址。IP 地址(Internet Protocol Address)是指互联网协议地址,是 IP 协议提供的一种统一的地址格式,它为互联网上的每一个网络和每一台主机分配一个逻辑地址,以此来屏蔽物理地址的差异。

③子网掩码。子网掩码(Subnet Mask)又称为网络掩码、地址掩码、子网络遮罩。子网掩码是一个 32 位地址,用于屏蔽 IP 地址的一部分,以区别网络标识和主机标识,并说明该 IP 地址是在局域网上还是在广域网上,同时用来指明一个 IP 地址的哪些位标识的是主机所在的子网,以及哪些位标识的是主机的位掩码。子网掩码不能单独存在,它必须结合 IP 地址一起使用。

④网关。网关(Gateway)又称网间连接器、协议转换器。默认网关在网络层以上实现网络互连,是最复杂的网络互连设备,仅用于两个高层协议不同的网络互连,它既可以用于广域网互连,也可以用于局域网互连。

⑤DNS。域名系统(Domain Name System,DNS)是互联网的一项服务。它作为将域名和 IP 地址相互映射的一个分布式数据库,能够使人更方便地访问互联网。DNS 使用用户数据报协议(User Datagram Protocol,UDP)端口 53。

（4）点击"属性"选项，弹出"Ethernet0 属性"窗口，再双击"Internet 协议版本 4（TCP/IPv4）"选项，如图 2.53 所示。

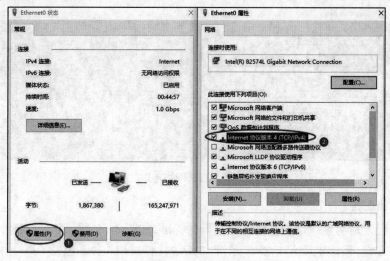

图 2.53　进入网络配置

（5）进入 IP 配置页面，即可设置对应的信息。如果有路由器，且路由器设置好了 DHCP（自动分配到 IP 服务），只需要点击"自动获得 IP 地址"即可（图 2.54）；如果没有路由器，只有交换机，就需要手动填写。

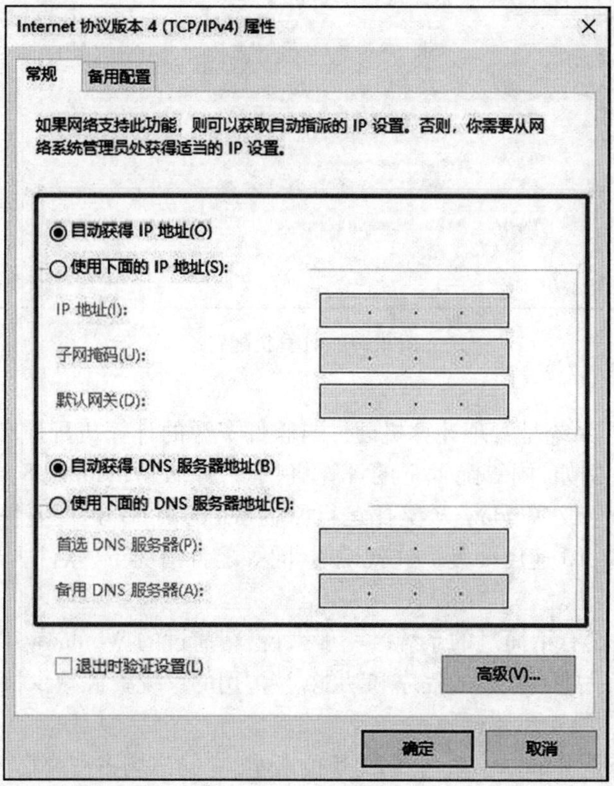

图 2.54　IP 配置

（6）最后，可以使用"ping"命令检测网络是否连接成功。若检测成功，则连接网络成功；若失败，需仔细检查上述步骤是否有误，如图2.55所示。

图2.55   测试网络连接

5. 观察机器配置

计算机的配置是衡量一台计算机性能高低的标准，如图2.56所示。计算机配置主要有软件和硬件两个方面，软件主要包括操作系统和其他软件；硬件主要包括 CPU、主板、内存、硬盘、显卡、显示器、机箱、光驱、键盘、鼠标和散热系统等。

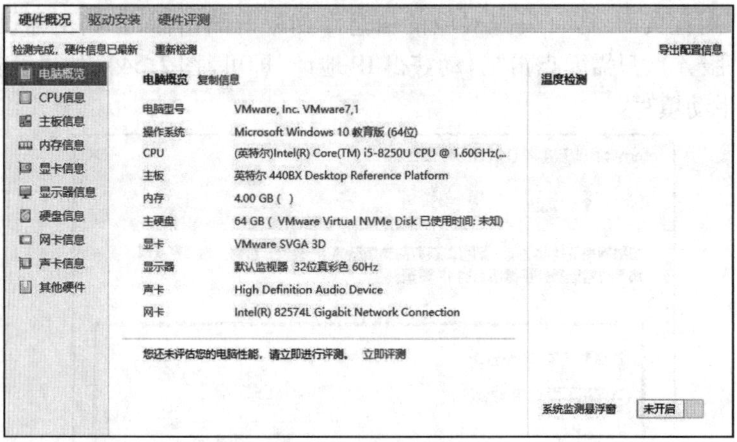

图2.56   计算机配置

（1）软件方面。

①操作系统：操作系统是管理计算机硬件与软件资源的计算机程序。不同的操作系统性能具有很大的差异。例如，同等配置下的计算机，运行原版 Windows 98 比运行原版 Windows XP 速度要快，而运行原版 Windows 7 又比运行原版 Windows XP 速度要快，但是原版 Windows 7 运行速度比 Windows 10 速度要慢。这就说明，同等配置情况下，软件占用的系统资源越大，运行速度越慢，反之越快。

原版系统指的是没有精简过的系统。一般来说，精简过的 Windows 10 会比原版的运行速度更快。由于精简掉一些不常用的程序和功能，被占用的系统资源减少，所以系统运行速度会有明显提升。

Windows 10 系统是 Windows 系列 2020 年的版本，它的市场占有率已逐渐超过 Windows 7，并且微软已经停止对 Windows 7 安全补丁的更新与技术支持。

②其他软件：其他软件可根据个人需要进行安装配置。例如，对一般办公文员来说，配置、

安装家庭版的 Windows 10 和精简版的 Office 2016 即可满足日常使用需要。但如果是图形设计人员,就需要专业的配置,对显卡的要求更高。此外,软件(包括硬件)都可以适当优化,以匹配使用者。

(2)硬件方面。

①CPU。中央处理器(CPU)是电子计算机的主要设备之一,是计算机中的核心配件。其功能主要是解释计算机指令以及处理计算机软件中的数据。中央处理器主要包括两个部分,即控制器和运算器,其中还包括高速缓冲存储器及实现它们之间联系的数据总线和控制总线。

②主板。主板又称为主机板、系统板或母板,是计算机最基本也是最重要的部件之一。主板一般为矩形电路板,上面安装了组成计算机的主要电路系统,一般有 BIOS 芯片、I/O 控制芯片、键盘和面板控制开关接口、指示灯插接件、扩充插槽、主板及插卡的直流电源供电接插件等元件。

③内存。内存也称内存储器和主存储器。它用于暂时存放 CPU 中的运算数据和与硬盘等外部存储器交换的数据,是外存与 CPU 沟通的桥梁。计算机中所有程序的运行都在内存中进行,内存性能的强弱影响计算机整体水平的发挥。只要计算机开始运行,操作系统就会把需要运算的数据从内存调到 CPU 中进行运算,当运算完成,CPU 将结果传送出来。内存的运行速度决定计算机整体运行速度。

④硬盘。硬盘是计算机最主要的存储设备。硬盘分为固态硬盘(SSD)、机械硬盘(HDD)和混合硬盘(SSHD),固态硬盘速度最快,混合硬盘次之,机械硬盘最慢。容量越大的硬盘存储的文件越多。首先,硬盘的数据读取与写入的速度和硬盘的转速相关(细分为高速硬盘和低速硬盘,高速硬盘一般用在大型服务器中,如 10 000 转、15 000 转;低速硬盘用在一般计算机中,包括笔记本电脑)。其次,硬盘又因接口不同而导致速度不同,一般来说接口分为 IDE 和 SATA(也就是常说的串口)接口,早期的硬盘大多采用 IDE 接口,相比之下,其存取速度比采用 SATA 接口的硬盘慢。

⑤显卡。显卡(Video Card、Display Card、Graphics Card、Video Adapter)是个人计算机基础的组成部件之一,用于将计算机系统需要的显示信息进行转换,驱动显示器,并向显示器提供逐行或隔行扫描信号,控制显示器的正确显示,是连接显示器和个人计算机主板的重要组件,是"人机交互界面"的重要设备之一,其内置的并行计算能力现阶段也可用于深度学习运算。

⑥显示器。显示器即计算机屏幕(Computer Screen/Display)。显示器接收计算机的信号并形成图像,作用方式如同电视接收机。显示器常见种类有 CRT 显示器、LCD 显示器(液晶显示器)、LED 显示器以及 3D 显示器。其主要的技术参数有分辨率、刷新率等。

2.3.3　Windows 10 的高级配置

1. IIS

IIS(Internet Information Services)是微软公司提供的基于运行 Microsoft Windows 的互联网基本服务,由系统内核自带,不需要下载。IIS 是一种 Web 服务组件,其中包括 Web 服务器、FTP 服务器、NNTP 服务器和 SMTP 服务器,分别用于网页浏览、文件传输、新闻服务和邮件发送。在 Windows 10 中 IIS 是默认关闭的,需要手动开启,具体操作步骤如下:

(1)打开控制面板,点击"程序"选项,如图 2.57 所示。

(2)在"程序"功能页中选择"启用或关闭 Windows 功能",如图 2.58 所示。

图 2.57　Windows 10 控制面板

图 2.58　程序功能页

（3）在"Windows 功能"页中选择"Internet Information Services"并勾选所需的服务,最后点击"确定",如图 2.59 所示。

图 2.59　启用 Internet Information Services

勾选完成后等待系统做出更改即可,完成后的弹窗如图 2.60 所示。

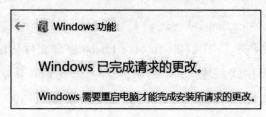

图 2.60　Internet Information Services 打开成功

(4)打开控制面板,依次点击"系统和安全""管理工具",可以看到 IIS 管理器,如图 2.61 所示。双击即可打开 IIS 管理器,如需经常使用,可以点击鼠标右键,将快捷方式发送至桌面, 打开后的 IIS 管理器主界面如图 2.62 所示。

图 2.61　打开 IIS 管理器

图 2.62　IIS 管理器主界面

2. FTP

FTP 服务器（File Transfer Protocol Server）是在互联网上提供文件存储和访问服务的计算机，其依照 FTP 协议提供服务。FTP（File Transfer Protocol）即文件传输协议，是一种基于 TCP 的协议，采用客户–服务器模式。通过 FTP 协议，用户可以在 FTP 服务器中进行文件的上传或下载等操作。下文介绍如何在 Windows 10 环境下搭建 FTP 服务器。

（1）设置计算机防火墙。

①打开计算机控制面板，依次点击"系统和安全""Windows Defender 防火墙"，如图 2.63 所示。

图 2.63　点击"Windows Defender 防火墙"

②点击"允许应用或功能通过 Windows Defender 防火墙"，如图 2.64 所示。

图 2.64　点击"允许应用或功能通过 Windows Defender 防火墙"

③找到"FTP 服务器"并勾选,然后点击"确定",如图 2.65 所示。

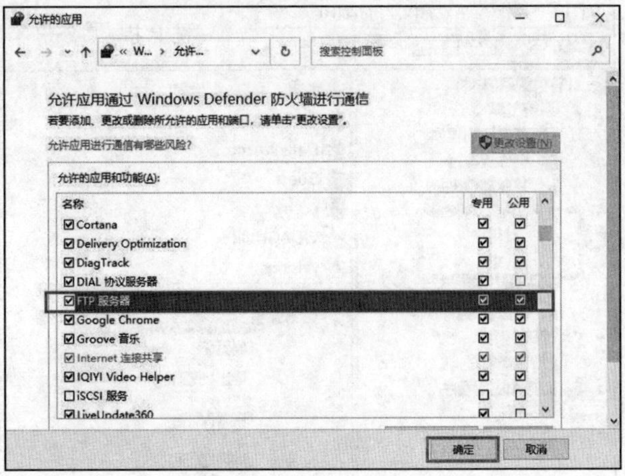

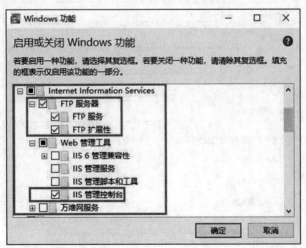

图 2.65　勾选"FTP 服务器"

(2)启用 Windows 功能。

在"启用或关闭 Windows 功能"中找到"Internet Information Services",在其下的"FTP 服务器"和"Web 管理工具"中分别勾选"FTP 服务""FTP 扩展性"和"IIS 管理控制台"并点击"确定",如图 2.66 所示。(前面已经介绍过如何打开"启用或关闭 Windows 功能")

图 2.66　打开 FTP 相关服务

(3)建立文件夹。

建立一个新的文件夹并记住其路径,接下来配置 FTP 服务器时会用到。

(4)创建新的本地用户。

①在桌面"此电脑"图标处单击鼠标右键,进入"计算机管理"页面,选择"本地用户和组",点击"用户",并在空白处单击鼠标右键,点击"新用户",如图 2.67 所示;此时弹出新用户创建窗口,如图 2.68 所示。

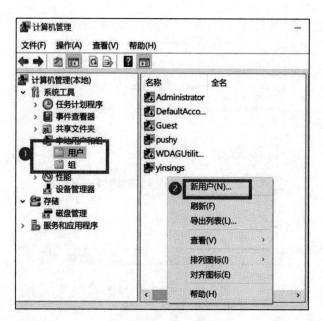

图 2.67　添加新用户

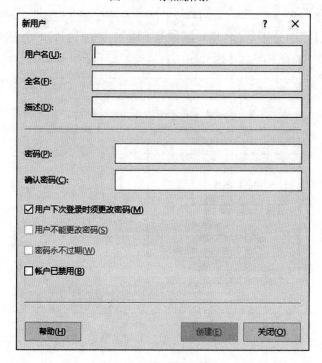

图 2.68　创建新用户界面

②设置用户名和密码,"描述"可以不填,点击"创建"按钮即可创建新用户,如图 2.69 所示。

(5)搭建 FTP 服务器。

①打开 Internet Information Services(IIS)管理器(打开方式前面已介绍),展开左侧菜单,选中"网站"并单击鼠标右键,点击"添加 FTP 站点…",如图 2.70 所示。

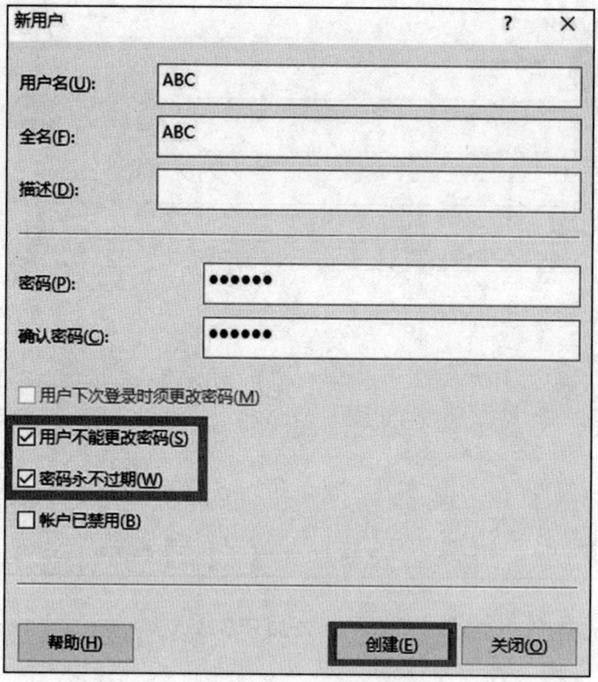

图 2.69　设置用户名和密码

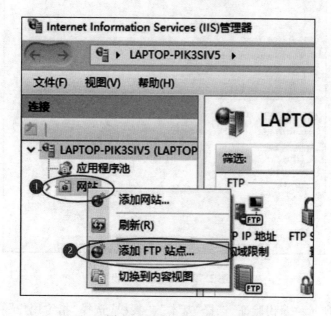

图 2.70　添加 FTP 站点

②自行设置 FTP 站点名称,物理路径选择步骤(3)建立的文件夹所在路径,点击"下一步",如图 2.71 所示。

③如图 2.72 所示,"IP 地址"选择本机 IP 地址,"端口"无需更改,勾选"无 SSL",点击"下一步"。

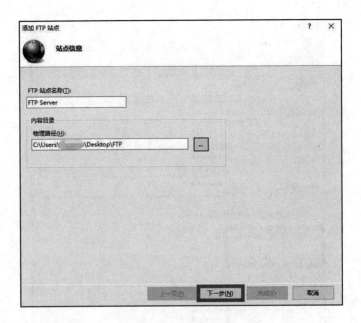

图 2.71　添加 FTP 站点

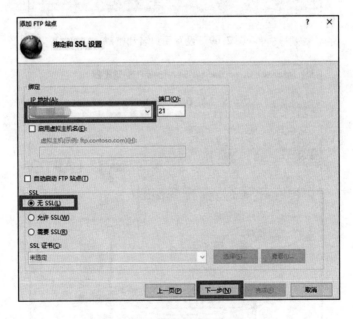

图 2.72　绑定和 SSL 设置

④如图 2.73 所示，"身份验证"选择"基本"，"授权"选择"指定用户"，并填入步骤（4）创建的新用户，"权限"勾选"读取"和"写入"，点击"完成"。

⑤可以在"Internet Information Services（IIS）管理器"页面左侧列表中找到搭建好的 FTP 服务器，选中后单击鼠标右键打开菜单，选择"管理 FTP 站点"，并选择"启动"即可启动 FTP 服务器，如图 2.74 所示。

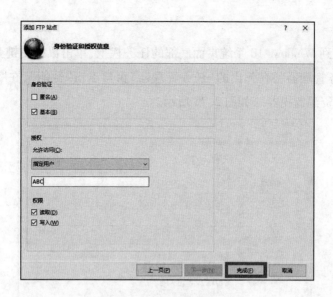

图 2.73 身份验证和授权信息

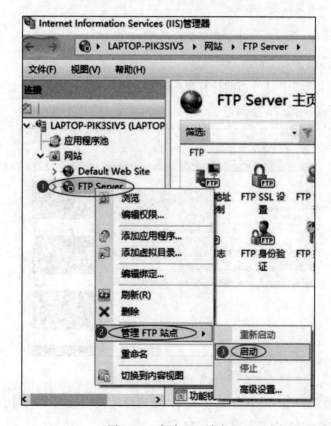

图 2.74 启动 FTP 站点

3. 资源监测

在使用 Windows 10 系统的过程中,用户想要了解 CPU、内存等资源使用情况,可以使用资源监视器查看。

（1）将鼠标移到 Windows 10 系统桌面底部的任务栏上，单击鼠标右键弹出任务栏菜单选项，点击选择"任务管理器"，在弹出的"任务管理器"窗口点击"性能"，在"性能"页面点击位于左下角的"打开资源监视器"，如图 2.75 所示。

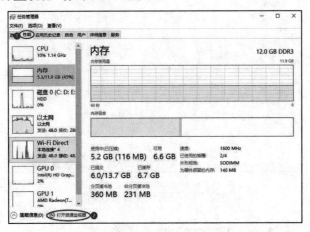

图 2.75　任务管理器

（2）资源监视器包含 4 个资源项：

①CPU。"CPU"选项卡显示当前计算机中程序占用 CPU 的情况，进而可以对具体情况进行分析并解决问题，如图 2.76 所示。

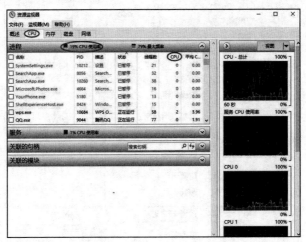

图 2.76　CPU 资源监视页面

②内存。"内存"选项卡可以直观地看到物理内存的使用情况以及剩余内存，也可单独查看某个进程的内存详细使用情况，如图 2.77 所示。

③磁盘：在"磁盘"选项卡可以找到当前磁盘中数据交互的情况，如图 2.78 所示。

④网络：在"网络"选项卡可以看到程序占用网络资源的情况，包括下载和上传情况，还可以查看进程连接到的网络地址和端口，如图 2.79 所示。

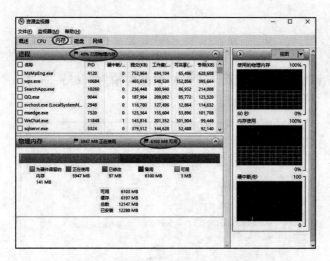

图 2.77　内存资源监视页面

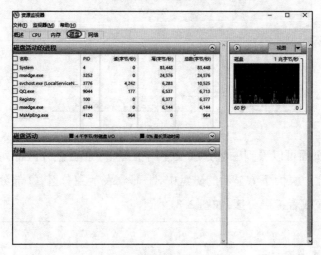

图 2.78　磁盘资源监视页面

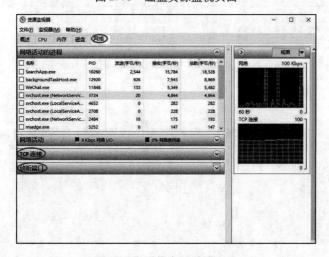

图 2.79　网络资源监视页面

4. 磁盘管理

为了方便对磁盘分区进行管理，Windows 10 提供了用于磁盘管理的磁盘管理器，它是
Windows 10 重要的管理工具。在桌面下方的搜索框内输入"diskmgmt. msc"打开磁盘管理器，
如图 2.80 所示。

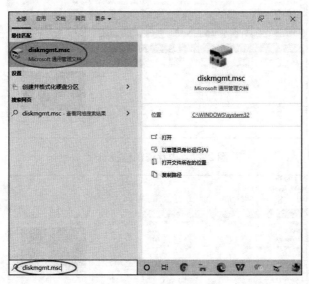

图 2.80　打开磁盘管理器

在"磁盘管理"页面可以看到磁盘分区及使用情况，每个磁盘分区都列出了容量、可用空
间大小及所占百分比。页面下方显示的磁盘中，①部分表示主分区，②部分表示未分配分区，
③部分表示逻辑分区或者扩展分区，如图 2.81 所示。

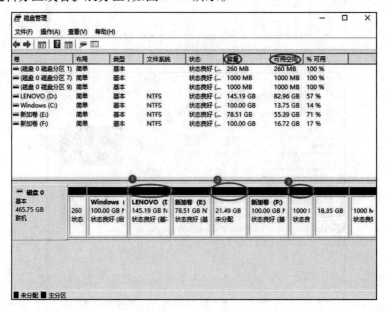

图 2.81　磁盘管理

　　"磁盘管理"提供了新建分区的功能,这是计算机用户最主要的需求。以 D 盘的分区为例,选中 D 盘后单击鼠标右键,选择"压缩卷",如图 2.82 所示。

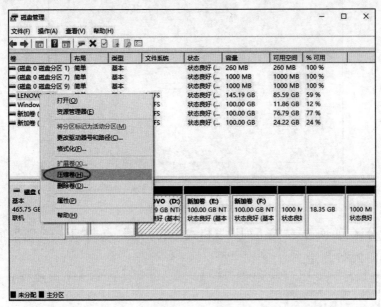

图 2.82　压缩卷

　　在"输入压缩空间量"的文本框中输入计划分给其他区的容量(图 2.83),压缩数值应尽可能小于"可用压缩空间大小"。

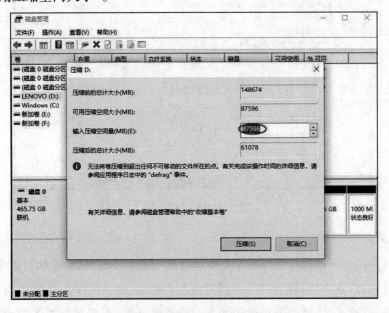

图 2.83　输入压缩空间量

　　点击"压缩"后可以看到 D 盘多出了一个未分配的空间,在空间上单击右键选择"新建简单卷"输入新分区的大小并点击"下一页",如图 2.84 所示。

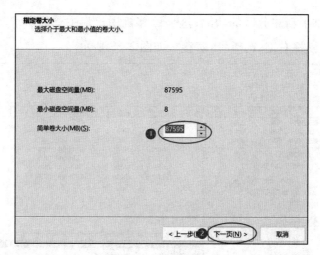

图 2.84　新建简单卷

在"格式化分区"页面选择"按下列设置格式化这个卷",点击"下一页",即可完成格式化分区的操作,如图 2.85 所示。

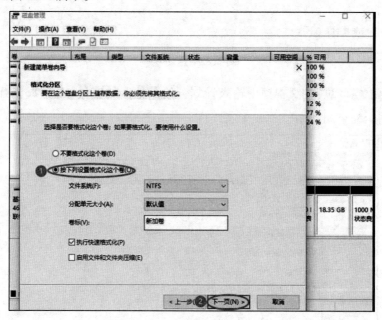

图 2.85　格式化分区

5. 系统服务

系统服务(System Services)是一种在后台运行的应用程序类型,是指执行指定系统功能的程序、例程或进程,以便支持其他程序,尤其是底层(接近硬件)程序。对用户而言,系统服务可用于启动、停止、暂停、恢复或禁用远程和本地计算机服务,查看每个服务的状态和描述,将特定的硬件配置文件设置为启用或禁用服务等。在 Windows 10 系统中打开系统服务的详细步骤如下:

（1）选中桌面上的"此电脑"图标并单击鼠标右键,在弹出菜单中选择"管理"菜单项,如图 2.86 所示。

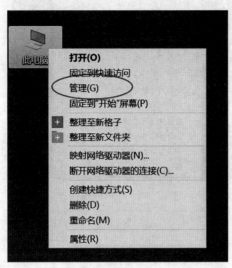

图 2.86　计算机管理

（2）在打开的计算机管理窗口中,点击左侧边栏的"服务和应用程序"项下"服务"菜单项,在右侧的窗口中就会打开 Windows 10 的服务项,如图 2.87 所示。

图 2.87　系统服务

6. 虚拟内存

Windows 的虚拟内存是一种内存扩展技术,可以给应用程序提供超过物理内存空间的内存。当计算机的物理内存不够用时,虚拟内存可以把一部分的硬盘空间作为内存来使用,从而加快计算机运行速度。Windows 10 设置虚拟内存的步骤如下:

（1）选中桌面上的"此电脑"图标并单击鼠标右键,选择"属性"菜单项,如图 2.88 所示。

（2）接着在弹出的"系统"页面,在右侧导航找到"高级系统设置",如图 2.89 所示。

（3）在弹出的"系统属性"页面中,选择"高级",并点击下面的"设置"按钮,如图 2.90 所示。

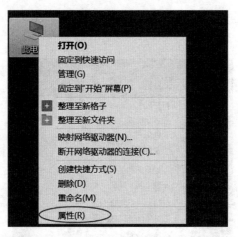

图2.88　计算机属性

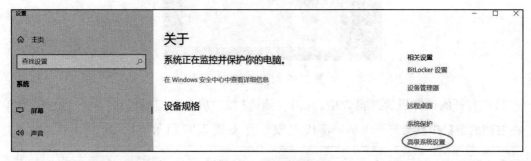

图2.89　高级系统设置

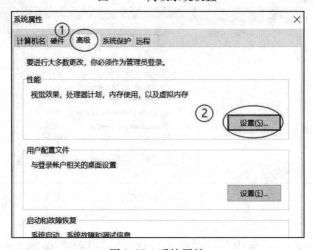

图2.90　系统属性

（4）在"性能选项"对话框的"高级"选项卡里，点击"虚拟内存"下方的"更改"按钮，如图2.91所示。

（5）点击"更改"后弹出"虚拟内存"设置窗口，将该窗口的"自动管理所有驱动器的分页文件大小"前面的对勾去掉，如图2.92所示。

（6）在"虚拟内存"对话框下面的"可用空间"中设置初始大小和最大值，然后点击"设置"，最后点击"确定"，就可以成功设置虚拟内存了，如图2.93所示。

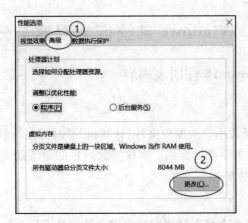

图 2.91　性能选项

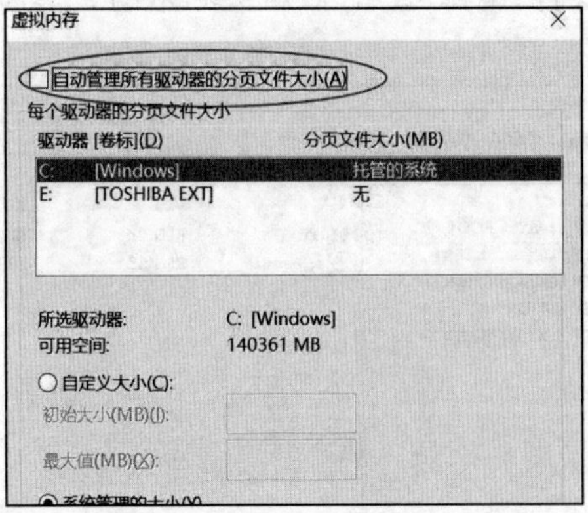

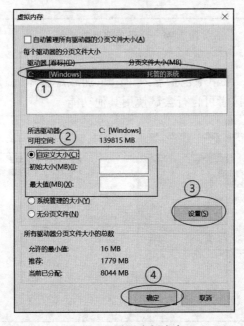

图 2.92　虚拟内存

图 2.93　设置虚拟内存

2.4　Windows 系统行为观察与分析

2.4.1　观察 Windows 10 注册表内容

1. 实验说明

Windows 注册表中记录着用户的配置文件、计算机的硬件配置、软件和程序的关联信息等重要信息,在系统中起到至关重要的作用。本次实验的目的是帮助学生了解注册表的组成、作用以及注册表编辑器的使用方法。

2. 观察注册表编辑器

首先,Windows 10 用户可在状态栏搜索框内输入"regedit"打开注册表编辑器,其界面如图 2.94 所示。可以看到,共有文件、编辑、查看、收藏夹和帮助 5 个选项卡。下文将对此 5 个选项卡分别进行简单介绍。

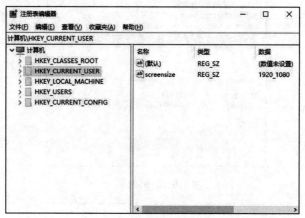

图 2.94　注册表编辑器界面

(1)文件。

如图 2.95 所示,"文件"菜单中包括导入、导出、加载配置单元、卸载配置单元等功能,这里仅演示如何导出注册表,读者可自行尝试使用其他功能。

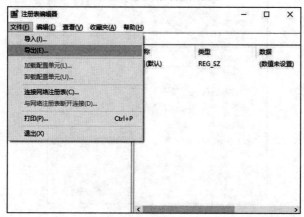

图 2.95　注册表编辑器中的"文件"菜单

点击"导出"按钮,可对注册表进行导出操作,用户可自行编辑导出后的文件名及存储路径;在弹出窗口的下方,用户可以选择导出全部注册表或某一分支,如图 2.96 所示。

图 2.96　导出注册表

(2)编辑。

选择某个键或其属性值后,可以通过菜单栏中的"编辑"按钮对其进行新建、修改权限、删除等操作,如图 2.97 所示。

图 2.97　注册表编辑器中的"编辑"菜单

(3)查看。

用户可以在"查看"菜单中修改注册表编辑器的界面形式,如图 2.98 所示。

(4)收藏夹。

选择某一键后点击菜单栏中的"收藏夹",可以将该键进行收藏,用户可以自定义收藏夹的名称,也可以删除已有的收藏夹,如图 2.99 所示。

(5)帮助。

用户可以在此页面查看本机注册表编辑器的版本信息,如图 2.100 所示。

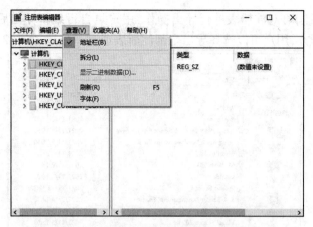

图 2.98   注册表编辑器中的"查看"菜单

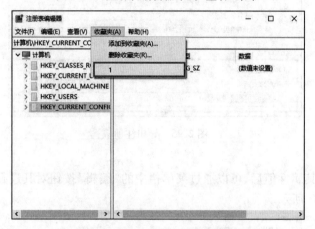

图 2.99   注册表编辑器中的"收藏夹"菜单

图 2.100   本机注册表编辑器的版本信息

2.4.2　观察并分析 Windows 10 任务管理器显示的内容

1. 实验说明

任务管理器是 Windows 系统中管理进程和应用程序的工具,可查看当前运行的进程和程序的详细信息。任务管理器还提供了有关计算机性能的详细信息,可查看本机的详细配置和各种资源的利用率。由此可见,任务管理器是用户管理计算机的有力工具。下面简要介绍任务管理器中的各项内容以及操作方法。

2. 观察任务管理器

首先打开任务管理器。任务管理器有多种打开方式:可在任务栏空白处单击鼠标右键,然后选择启动"任务管理器";按下"Ctrl+Alt+Del"组合键然后选择"任务管理器";使用"Shift+Ctrl+Esc"组合键直接打开任务管理器。Windows 10 的任务管理器中包含进程、性能、应用历史记录、启动、用户、详细信息和服务 7 个选项卡,每个选项卡包含系统相应的信息,如图 2.101 所示。下文将对此 7 个选项卡分别进行简单介绍。

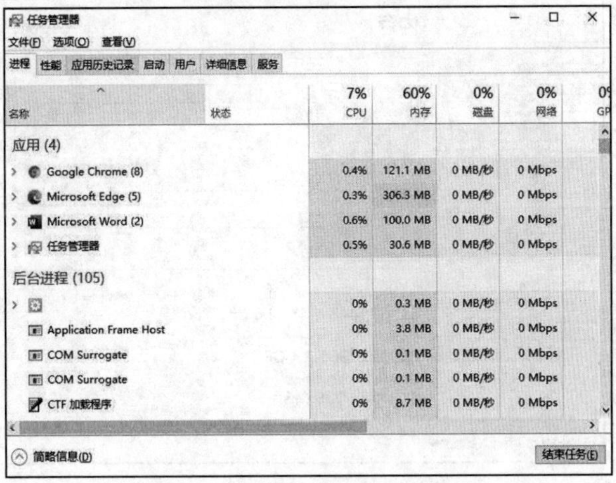

图 2.101　Windows 10"任务管理器"界面

(1)进程。

打开任务管理器后,默认打开的是"进程"界面。其中包含当前运行的应用、进程以及它们各自占用的系统资源,如 CPU、内存、磁盘、网络等。值得注意的是,"应用"一栏只显示当前被打开窗口的应用程序,不会显示最小化到系统托盘区的应用程序;而"后台进程"一栏则会显示所有正在运行的后台进程。在"应用"栏或"后台进程"栏中选择一项程序或进程,再点击右下角"结束任务"按钮,可以强制结束当前正在运行的程序或进程,如图 2.102 所示。如果将系统服务强行结束,可能会导致某个系统功能无法使用,因此应慎重使用该功能。选择一项程序或进程后也可单击鼠标右键,打开菜单执行更多操作,此处不做详细描述。

(2)性能。

在"性能"界面,用户可以查看计算机各种资源的实时使用情况,其中包含 CPU、内存、硬盘、Wi-Fi 以及 GPU,便于用户分析系统的运行情况,如图 2.103 所示。

点击左下方的"打开资源监视器"按钮,用户可以查看使用计算机各种资源的具体程序,如图 2.104 所示。

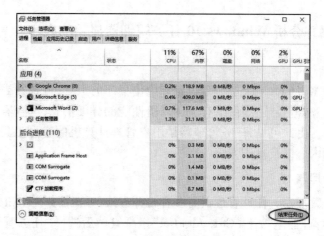

图 2.102   结束任务操作方式

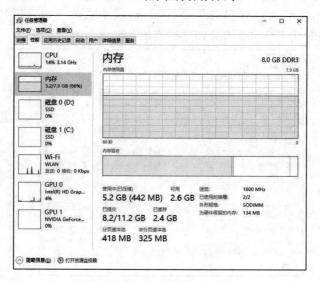

图 2.103   "性能"界面

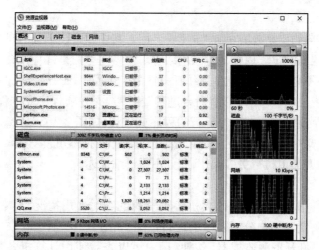

图 2.104   "资源监视器"界面

（3）应用历史记录。

"应用历史记录"界面显示了计算机近一个月运行过的软件以及它们各自的时长、流量，如图 2.105 所示。

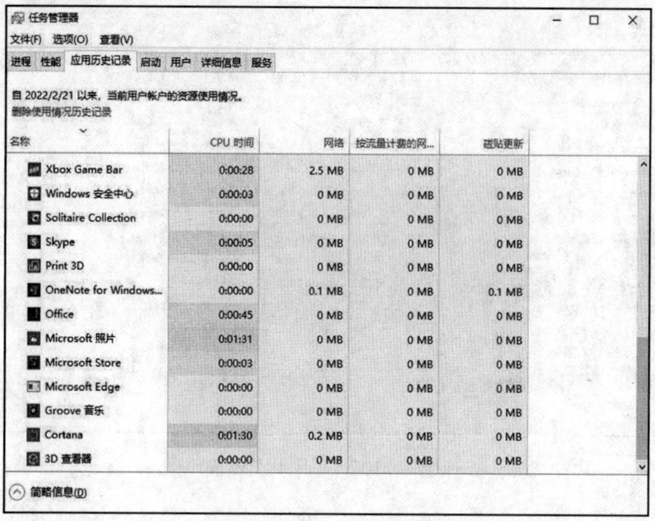

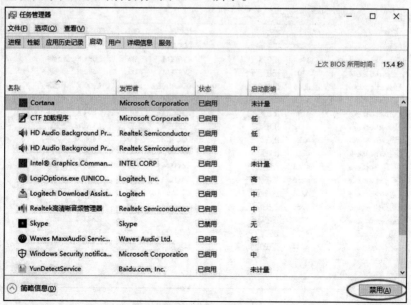

图 2.105　"应用历史记录"界面

（4）启动。

在"启动"界面，用户可以对开机运行的程序进行管理，选择程序并点击右下方的"禁用"按钮即可禁止该程序在开机时启动，如图 2.106 所示。

图 2.106　"启动"界面

（5）用户。

"用户"界面显示当前已登录和连接到本机的用户以及该用户正在运行的程序，点击右下方"断开连接"按钮可断开用户与本机的连接，如图 2.107 所示。

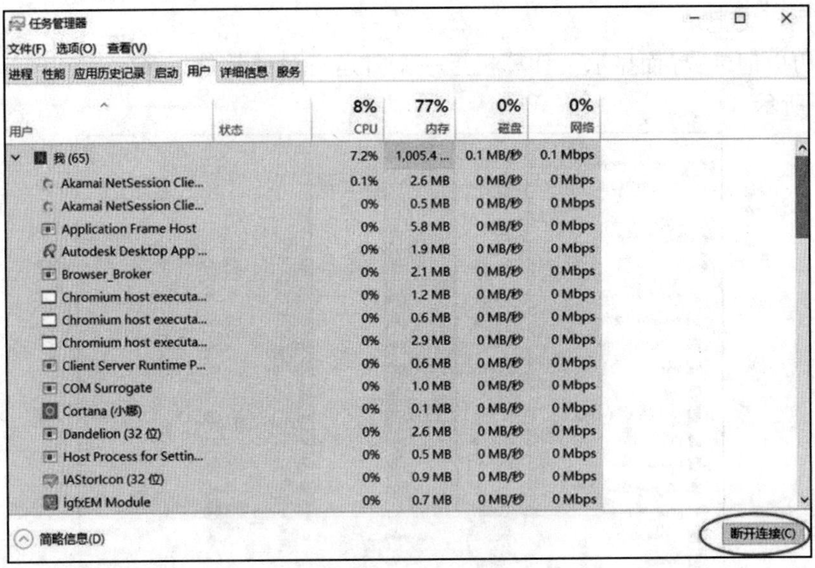

图 2.107 "用户"界面

（6）详细信息。

在"详细信息"界面中同样显示正在运行的程序，但是更加详细，不仅包含用户帐户，也包含系统帐户。选中程序并点击右下方"结束任务"按钮即可强制关闭该程序，如图 2.108 所示。

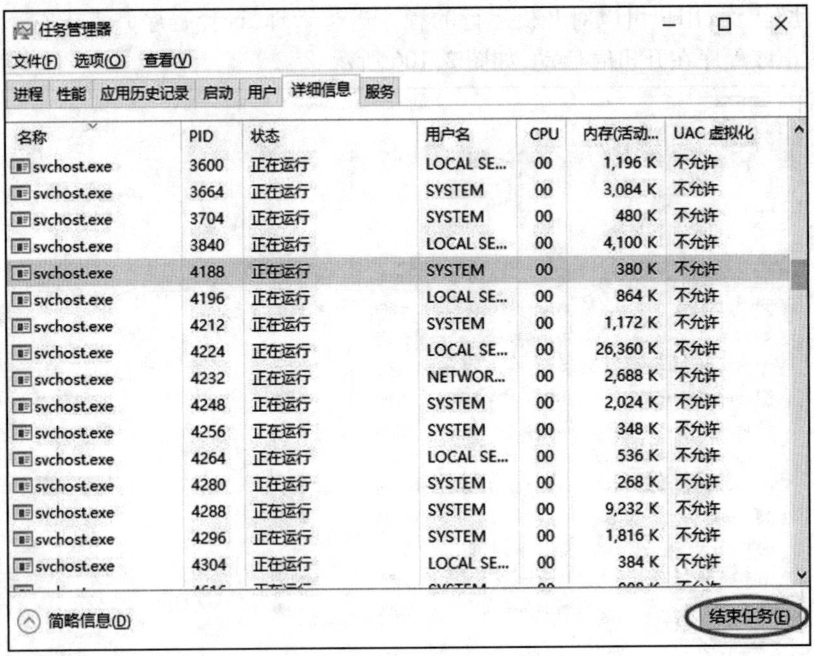

图 2.108 "详细信息"界面

（7）服务。

"服务"界面显示的是系统后台进程服务列表，选择某一项服务并单击右键可对此服务进行开始、停止、重新启动等操作，如图 2.109 所示。

图 2.109　"服务"界面

第 3 章

Linux 操作系统实践基础

3.1 Linux 操作系统概述

3.1.1 Linux 的起源和历史

Linux 是一种可免费使用和自由传播的类 Unix 操作系统(准确地说,Linux 其实是一个内核),其与 Unix 有着很深的渊源。Linux 最早是由 Linus Torvalds(后文简称为 Linus)在 1991 年设计开发的,当时的 Linus 仅仅是芬兰赫尔辛基大学计算机系的一名学生。1986 年,Andrew S. Tanenbaum 教授开发了用于教学的类 Unix 系统,名为 Minix,但是 Linus 对这个系统并不是很满意,因为其仅仅是一个用作教学的系统,不具备很强的实用性。随后他开始尝试在 386 计算机上改进 Minix 系统,并先后在 Minix 环境下编写了多任务切换程序、磁盘驱动系统、文件系统,此时 Linux 已初见雏形。Linus 最初将这套系统命名为 Freax,并且将源代码放在芬兰的一个 FTP 站点供大家免费下载。FTP 站点的管理员认为 Freax 系统是 Linus 的 Minix 系统,因此建立了一个名为 Linux 的文件夹来存放它,Linux 系统就这样问世。Linus 将他的作品发布到网上后,许多人都狂热地加入到对这个不完善内核的改进、完善和扩充的队列中,不到 3 年的时间,Linux 已经成为一个功能完善且稳定可靠的类 Unix 操作系统。

1994 年,Linux 1.0 出现了,这是 Linux 第一个正式的版本,其代码量为 17 万行。此时 Linux 的核心开发队伍已经建立,并且 Linus 还为 Linux 指定了吉祥物企鹅作为标志。1996 年 6 月,Linux 2.0 发布,此版本内核有大约 40 万行代码,并可以支持多个处理器。2011 年 7 月,Linux 3.0 正式发布,主要增加了对虚拟化的支持,同时增强了文件系统功能。此时的 Linux 已经进入了实用阶段,全球大约有 350 万人使用。经过近 30 年的发展,Linux 已经具有举足轻重的地位,在服务器、嵌入式系统开发、个人桌面等领域有着不可替代的作用。

Linux 的本质是操作系统的内核,而只有内核无法构成一个完整的操作系统,于是一些组织或公司将 Linux 内核与一些应用程序包装起来构成了一个完整的操作系统,这就是 Linux 的发行版本。一个典型的发行版 Linux 通常包括 Linux 核心、命令行 Shell、GNU 库和工具、图形用户界面及其相应的桌面环境,以及办公包、编译器、文本编辑器等一系列应用软件。目前较为主流的发行版有 Ubuntu、Red Hat、SUSE、Fedora、Debian 和 CentOS 等。

3.1.2 Linux 的特点

随着社会的进步以及发展,Linux 系统的用户也在不断增加,这得益于 Linux 操作系统的优势。Linux 主要具有以下特点:

1. 免费开源

Linux 是完全免费的,十分容易获取,任何人都可以从互联网上下载其源代码,这是 Linux 最大的特点。使用者可以根据自己的需求任意修改其源代码,这是其他操作系统无法做到的。正是 Linux 的这种特性,才使得无数来自全世界的程序员参与了对 Linux 的修改和完善,Linux 也因此不断发展壮大。

2. 多用户多任务

Linux 系统是一个真正的多用户多任务的操作系统。多个用户可以各自拥有和使用系统资源,即每个用户对自己的资源有特定的权限,互不影响;同时多个用户可以在同一时间以网络联机的方式使用计算机系统。多任务是现代计算机最主要的一个特点,由于 Linux 系统调度每一个进程时平等地访问处理器,所以它能同时执行多个程序,而且各个程序的运行互相独立。

3. 支持多种平台

Linux 的内核大部分是由 C 语言编写的,并采用了可移植的 Unix 标准应用程序接口。Linux 系统几乎支持所有的 CPU 平台,并且在嵌入式领域也被广泛使用,可以运行在掌上电脑、机顶盒或游戏机上。早在 2001 年 1 月发布的 Linux 2.4 版内核就已经能够完全支持 Intel 64 位芯片架构。

4. 稳定性和安全性优良

Linux 是免费开源的,其漏洞和缺陷会很快被发现,使用过程中的不断完善成就了其稳定性和安全性。Linux 自带防火墙、入侵检测和安全认证等工具,能够及时修补系统的漏洞。除此之外,Linux 内核的源代码是以标准规范的 32 位(在 64 位 CPU 上是 64 位)计算机来进行最佳化设计,可确保其系统的稳定性。Linux 的稳定性使得一些安装 Linux 的主机可以常年不关并且不发生宕机,这也是 Linux 被广泛应用于服务器的原因。

5. 网络功能丰富

完善的内置网络是 Linux 的一大特点。Linux 支持所有通用的网络协议,拥有世界上最快的 TCP/IP 驱动程序,所以具有比大多数操作系统都要出色的网络支持。Linux 内置了非常丰富的免费网络服务器软件、数据库和网页开发工具,如 Apache、Sendmail、VSFtp、SSH、MySQL、PHP 和 JSP 等。近年来,越来越多的企业看到了 Linux 这些强大的功能,利用 Linux 作为全方位的网络服务器。

6. 软件支持丰富

用户在安装了 Linux 后,无须额外安装常用的办公软件、图形处理工具、多媒体播放软件和网络工具等。Linux 系统中有大量的可用软件,并且绝大多数是免费使用的。而对于程序开发人员来说,Linux 也是一个很好的操作平台,在 Linux 的软件包中包含了多种程序语言与开发工具,如 gcc、cc、C++、Tcl/Tk、Perl、Fortran77 等。

3.1.3 Linux 的基本结构

Linux 系统一般由 4 个部分组成:内核、Shell、文件系统和应用程序。内核、Shell 和文件系统构成了 Linux 基本的操作系统结构,使用户可以运行程序、管理文件并使用系统。

1. 内核

内核运行在 CPU 的核心态,是操作系统的心脏,提供最基本的功能,是负责管理系统的进程、内存、设备驱动程序、文件和网络系统的核心程序。这几个部分之间相互合作,共同完成对计算机系统资源的管理和分配。内核一般由内存管理器、进程管理器、设备驱动程序、虚拟文件系统管理和网络管理组成,如图 3.1 所示。

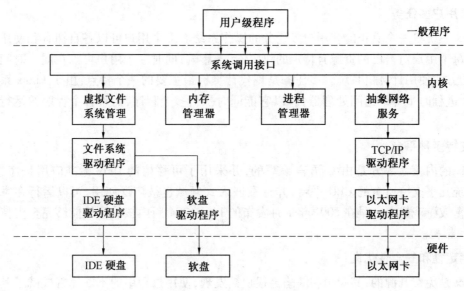

图 3.1 Linux 内核的组成

2. Shell

Shell 通常被称为命令解释器,它是一个特殊的应用,提供了用户与内核进行交互的接口。Shell 接收用户输入的命令,将其转变成系统调用,并送到内核执行。在图形用户界面出现之前,Shell 起到用户界面的作用,用户通过 Shell 输入命令来运行程序。Shell 是可编程的,它可以执行符合特定语法的文本文件,这样的文件称为脚本文件。目前主流的 Shell 有以下版本:

(1)Bourne Shell。Bourne Shell 由贝尔实验室开发,是一个交换式的命令解释器和命令编程语言。

(2)Bash。Bash 是 GNU 的 Bourne Again Shell,是 GNU 操作系统上默认的 Shell,被应用于大部分的 Linux 发行版本。

(3)Korn Shell。Korn Shell 是 Bourne Shell 的发展版本,在大部分内容上与 Bourne Shell 兼容。

(4)C Shell。C Shell 是 SUN 公司 Shell 的 BSD 版本。

3. 文件系统

文件系统是指在磁盘等存储设备上组织文件的方法。Linux 的文件系统采用多级树形结构,并且支持目前流行的文件系统,如 EXT2、EXT3、FAT、VFAT、NFS、SMB 等。Linux 使用标准的目录结构,在安装时,安装程序就已经为用户创建了文件系统和完整而固定的目录组成形式,并指定了每个目录的作用和其中的文件类型。Linux 的文件类型主要有普通文件、目录文件、链接文件、设备文件、管道文件和套接字文件等。

4. 应用程序

标准的 Linux 系统一般都具有一套被称为应用程序的程序集,包括文本编辑器、编程语言、办公套件、Internet 工具和数据库等。Linux 的实用工具可分为 3 类:编辑器、过滤器和交互程序。编辑器的作用是编辑文件,主要有 Ed、Ex、Vi 和 Emacs;过滤器读取来自用户文件或其他地方的输入,经检查和处理后进行输出;交互程序则是用户与机器的信息接口。

3.1.4　Linux 的源代码分布

Linux 系统的源代码是开源的,有利于用户了解、学习和研究 Linux 的结构和实现原理,同时,用户还可以在此基础之上进行开发。

Linux 内核源代码位于/usr/src/linux 目录下,其分布表见表 3.1。每一个目录或子目录可以看作一个模块,后面是对每一个目录/子目录的简单描述。

表 3.1　Linux 的源代码分布表

目录或子目录	源代码概括
/arch	包含所有和计算机体系结构相关的核心代码。它下面的每个子目录代表一种体系结构,如 386、sparc 等
/include	包括编译核心所需的大量包含文件,即 C 语言头文件
/init	包含系统的初始化代码。从这里可以了解系统的启动过程
/mm	包含所有的内存管理代码
/drivers	包含所有的设备驱动程序。其下还有许多子目录,如/pci、/scsi、/net、/sound 等。每一个子目录下存有一类设备的驱动程序
/kernel	主要的内核代码
/net	网络的核心代码
/fs	文件系统代码,其下每一个子目录代表一类文件系统
/lib	内核的库文件代码
/scripts	脚本代码
/kernel	包含主内核代码

3.1.5　Linux 用户接口

1. Linux 的外壳(Shell)——字符命令级接口

Shell 是命令语言、命令解释程序及程序设计语言的统称,它作为 Linux 操作系统的外壳,为用户提供使用操作系统的接口。

Linux 中的 Shell 有多种类型,其中最常用的是 Bourne Shell(sh)、C Shell(csh)和 Korn Shell(ksh),3 种 Shell 各有优缺点。Bourne Shell 是 Unix 最初使用的 Shell,并且在每种 Unix 上都可以使用。Bourne Shell 在 Shell 编程方面相当优秀,但在处理与用户的交互方面做得不如其他几种 Shell。C Shell 是一种比 Bourne Shell 更适合编程的 Shell,它的语法与 C 语言非常相似。

Korn Shell 集成了 C Shell 和 Bourne Shell 的优点并且和 Bourne Shell 完全兼容。Linux 系统提供了 Pdksh(ksh 的扩展),它支持任务控制,可以在命令行上挂起、后台执行、唤醒或终止程序。

Shell 的直译为"壳",是操作系统(内核)与用户之间的桥梁,充当命令解释器的作用,将用户输入的命令翻译给系统,并执行它自已内建的 Shell 命令集,此外它还能被 Linux 系统中其他有效的实用程序和应用程序调用。Linux 中的 Shell 与 Windows 下的 DOS 一样,提供一些内建命令(Shell 命令)供用户使用,可以用这些命令编写 Shell 脚本来完成复杂和重复性的工作。

当普通用户成功登录,系统将执行一个名称为 Shell 的程序,而正是 Shell 进程提供了命令行提示符。作为默认值(Ubuntu 系统默认的 Shell 是 Bash),对普通用户用"$"作提示符,对超级用户(Root)用"#"作提示符。此后,该 Shell 程序将始终作为用户与系统内核的交互手段,直到用户退出系统。

用户登录进入 Linux 系统后,每次用户输入指令,Shell 都会对其进行检查、解释和执行。若出现错误,Shell 会提示相应的错误;若正确,Shell 则会把相应的内部命令或应用程序分解为系统调用,并传给 Linux 内核,让其完成用户的服务请求。

Shell 除了属于一个命令解释程序外,还是一个解释型的程序设计语言,具有以下特点:

(1)简单性。Shell 是一种高级语言,通过它可以简洁地表达复杂的操作。

(2)可移植性。Shell 使用 POSIX 所定义的功能,可以做到无须修改脚本就可在不同的系统上执行。

(3)容易开发。Shell 可以在短时间内完成一个功能强大又好用的脚本。

表 3.2 给出了一些 Linux 基本使用命令。

表 3.2   Linux 基本使用命令

命令名	功 能
ls	显示文件属性和目录内容,相当于 MS-DOS 的"dir"
cat	将指定文件内容输出至标准输出设备,通常用来显示文件内容,相当于 MS-DOS 的"type"
more	文件内容分页显示工具
pwd	显示当前工作目录名
cd	更改当前目录
chmod	改变文件访问权限
mkdir	建立目录
cp	复制文件和目录
rm	删除文件或目录
clear	清除屏幕,相当于 MS-DOS 的"cls"
ps	显示进程状态
kill	给进程发信号,发送信号-9 可杀死进程
find	在磁盘上查找文件
man	显示指定命令的联机帮助信息,例如使用"manls"命令可见"ls"命令的使用帮助信息
vi	Unix 传统的文本编辑器,相当于 MS-DOS 的"edit"
gcc	Linux 自带的 C 语言编译器
df	显示文件系统磁盘空间使用情况
mount	将特殊文件(即设备)上指定的文件系统安装到指定目录或显示已安装的文件系统

2. Linux 的系统调用——程序级接口

Linux 内核中设置了一组用于实现各种系统功能的子程序,称为系统调用。用户可以通过系统调用命令在自己的应用程序中调用它们。从某种角度来看,系统调用和普通函数调用非常相似,区别仅仅在于系统调用由操作系统核心提供,运行于核心态;而普通函数调用由函数库或用户自己提供,运行于用户态。由操作系统提供系统调用除了方便用户外,也出于安全和效率考虑,使得用户态程序不能自由地访问内核关键数据结构或直接访问硬件资源。在 Linux 中系统调用是用户空间访问内核的唯一手段,除异常和陷入外,它是内核唯一的合法入口。

一般来说,进程是不能访问内核的,CPU 硬件决定了进程不能访问内核所占存储空间,也不能调用内核函数,但系统调用除外。其原理是进程先用适当的值填充寄存器,然后调用一个特殊的指令,这个指令会跳到一个事先定义的内核中的位置(当然,这个位置用户进程可读,但不可写)。硬件一旦检测到该指令,此时进程就不是在限制模式下运行的用户,而是作为操作系统的内核。

进程可以跳转到的内核位置叫作 system_call,这个过程检查系统调用号,内核进程会依据此号来请求相应服务。接着内核会查看系统调用表(sys_call_table),找到所调用的内核函数入口地址来调用函数,等返回后会做相关的系统检查,最后返回进程中或到其他进程(如果这个进程时间用尽)。系统调用过程如图 3.2 所示。

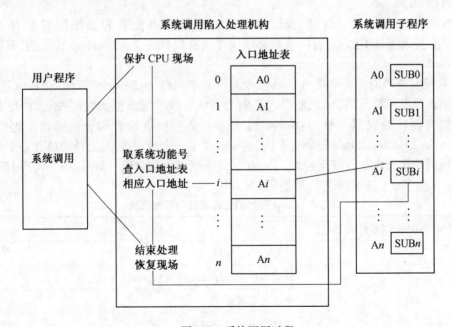

图 3.2 系统调用过程

在 Linux 中每个系统调用都通过一个符号常数标识,符号常数的定义与平台相关。因为并非所有的体系结构都支持所有系统调用,不同平台的可调用数目不同,粗略地说,总共有200 多个系统调用。接下来,本书将按照功能对这些系统调用进行划分(在这里大家不必完全理解每个系统调用的作用,只需要知道系统调用的作用是将内核的各个底层服务整合起来,以统一的一套接口提供给应用进程使用)。

(1)进程管理。进程处于系统的中心,因此进程管理方面有大量系统调用。从查询简单的信息到启动新进程等,这些系统调用提供的功能很多。

（2）时间操作。时间操作非常关键，不仅可用来查询和设置当前系统时间，还使进程能够执行基于时间的操作，如睡眠和操作定时器。

（3）信号处理。信号处理是在进程之间交换有限信息以及促进进程间通信的最简单（也最古老）的方法，包括发送信号、检查信号等。

（4）调度。与调度相关的系统调用都与系统进程有关，比如设置优先级、获取优先级等。

（5）模块。模块可用于实现一些热插拔服务。这里的模块相关系统调用包括增加模块和移除模块。

（6）文件系统。所有关于文件系统的调用都起始于 VFS 层（虚拟文件系统），它是各类文件系统的一个上层抽象。从 VFS 开始，各个调用转发到具体文件系统的实现中，进而访问块层（磁盘等），包括文件的创建、删除、打开、关闭、读、写等。

（7）内存管理。在通常的环境下，用户应用程序很少或从不接触内存管理系统调用，因为这个领域被标准库的 API 屏蔽起来了，C 标准库提供了 malloc、balloc 和 calloc 等函数。具体实现通常与编程语言相关，因为每种语言都有不同的动态内存管理需求，包括提供垃圾收集的特性，因此需要对内核提供的内存进行精巧而复杂的分配。和内存相关的系统调用有内存映射、堆的修改等。

（8）进程间通信与网络。两个系统调用被用来处理进程间通信和网络相关的任务，它们分别是 socketcall 和 ipc。

（9）系统信息和设置。通常，查询当前运行内核及其配置和系统配置的有关信息（sysinfo）是必要功能。类似地，有些信息必须保存到系统日志文件（syslog），因此需要设置内核参数（sysctl）。

（10）系统安全和能力。传统的 Unix 安全模型基于用户、组和一个"万能的"Root 用户，对现代需求而言已经不够灵活，因此便引入了能力系统。该系统根据细粒度方案，使得非 Root 进程能够拥有额外的权限和能力：capset 和 capget，分别负责设置和查询进程。此外，LSM（Linux Security Modules，Linux 安全模块）子系统提供了一个通用接口，支持内核在各个位置通过挂钩调用模块函数来执行安全检查。Security 是系统调用的多路分解器，用于实现 LSM。表3.3 给出了一些 Linux 基本的进程管理类系统调用。

表 3.3   Linux 基本的进程管理类系统调用

系统调用（函数名）	功　　能
fork( )	建立一个子进程
exec( )	加载可执行程序或代码（包含 execl、execv 等 5 个）
exit( )	终止当前进程
wait( )	等待一个子进程退出
waitpid( )	等待指定的子进程退出
kill( )	向一个进程发信号
killpg( )	向一个进程组发信号
getpid( )	获取进程标识
getppid( )	获取父进程标识

3. Linux 的图形用户界面——X Window

母语非英语国家的计算机用户总是抱怨计算机的操作命令难记,于是从 20 世纪 80 年代开始的操作系统逐渐引入图形用户界面,现在主流的操作系统都支持 GUI。

Linux 除了 Shell 界面以外,也配有 GUI,这就是 X Window 系统。Ubuntu 的 X Window 界面如图 3.3 所示。

图 3.3　Ubuntu 的 X Window 界面

X Window 于 1984 年在美国麻省理工学院(MIT)计算机科学研究室开始开发,当时 Bob Scheifler 正在发展分散式系统(Distributed System),同一时间 DEC 公司的 Jim Gettys 也在麻省理工学院进行 Athena 计划。两个计划都需要相同的要素——一套在 Unix 机器上运行优良的视窗系统。因此他们开始展开合作关系,从斯坦福大学得到了一套叫做 W 的实验性视窗系统。X Window 系统从 W 视窗系统开始,经过一段时间的发展,与原来的系统已有明显差别,X Window 提供了软件工具和标准应用程序编程接口以便于开发基于图形的分布式应用程序。而这种环境完全与硬件无关,任何支持 X Window 环境的系统上都可以运行,这种完整环境通常被简称"X"。Linux 选用了目前最流行的版本 X11R6 的标准实现免费版 XFree86。XFree86 提供了重叠窗口功能,快速图形绘画功能,高分辨率的位图、图形、图像,以及高质量文本,而且还支持 Linux 的多进程处理。用户通过 X Window 的图形化用户界面可以方便地利用鼠标、键盘、图标按钮、菜单、窗体、滚动条和对话框等与系统进程交互。

X Window 即 X Window 图形用户接口,是一种计算机软件系统和网络协议,提供了一个基础的图形用户界面和具有丰富的输入设备能力的联网计算机。其软件编写使用广义的命令集,它创建了一个硬件抽象层,允许在具有设备独立性和重用方案的任何计算机上实现。

X Window 具有以下优缺点:

(1)优点。

①任务划分简单明了。

客户端可以在远程计算机上执行任务,X Server 仅负责复杂的图形显示,充分发挥 X Server 在显示上的优势;只有 X Server 服务器与硬件有关,其余所有客户端均与硬件无关,平台可移植性强;客户端可以在不同的计算机上执行任务,从个人计算机到巨型计算机,从而充分发挥网络计算的优势。

②与操作系统保持独立。

X Server 易于安装或改版,不会对其他应用程序造成干扰;第三方可以很容易地对它的功能进行支持、加强;开发者在 X Server 上进行工作时,如果程序异常中断,只会影响到视窗系统,不会造成机器的损坏或操作系统内核的破坏。

(2)缺点。

①稳定性差。

X Server 提供了过多的对硬件的直接访问,从而影响了系统的稳定性。性能不良的显卡驱动(有时也可能是应用程序)可能导致整个系统的崩溃或重启;有时即使操作系统仍在工作,也不能继续渲染、显示效果。

②用户界面不规范。

X Server 没有规范用户界面和程序之间的大多数通信,导致出现了许多非常不同的界面,同时造成程序之间协同困难;客户机之间的互操作规范 ICCCM 以难以正确实现而闻名,即便是后来进行的标准化尝试(如 Motif 和 CDE)也于事无补,这已经成为用户和程序员长久以来的噩梦。

3.1.6　Linux 使用操作简介

1. Linux 的登录和退出

启动 Linux 后,在"密码"框输入正确的口令,按"Enter"键后,就登录到系统中了。如果输入有误,则会提示用户再次输入口令,进行登录。Linux 登录界面如图 3.4 所示。

图 3.4　Linux 登录界面

当成功登录系统后,系统将执行一个 Shell 程序。Shell 程序提供了命令行提示符,接收用户输入的命令,并安排它们执行任务。注意,该 Shell 进程在用户登录时产生,随用户退出而终止,另外,Linux 接收命令行输入时是区分大小写的。

退出系统,可在提示符后面输入"exit"命令,按"Enter"键即可退出系统。Linux 退出窗口如图 3.5 所示。

图 3.5　Linux 退出窗口

以上介绍的是 Linux 字符界面下的登录和退出操作。如果是在图形界面下,则登录和退出系统的操作与 Windows 操作系统中的相似,主要通过对话框完成,初学者上机一试即可。在图形方式下要使用 Linux 命令,可先启动相当于 Windows 的"命令提示符"的"虚拟终端",该窗口是对字符方式的模拟(即 Shell 窗口),然后直接在其中的命令行提示符下输入要运行的命令即可。

2. Shell 的文件操作常用命令

（1）显示文件目录。

ls［-参数］［路径］：显示指定目录下的所有文件和目录。

常用参数：

-a：列出指定目录下的所有文件，包括隐藏文件。

-l：以长格式列出指定目录下的内容。

-R：递归列出所有子目录。

-c：按文件修改时间排序。

-s：按文件大小排序。

显示文本目录界面如图 3.6 所示。

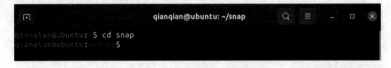

图 3.6　显示文本目录界面

（2）更改当前目录。

cd：返回用户工作目录。

cd［目录名］：进入指定目录。

cd..：返回上一级目录。

更改当前目录界面如图 3.7 所示。

图 3.7　更改当前目录界面

（3）复制文件。

cp［-参数］［源文件路径］［源文件名］［目标文件路径］［目标文件名］：复制文件。

常用参数：

-i：复制时，提醒用户以交互的方式进行操作。

-f：强行进行复制，不提醒用户。

-R：递归复制整个目录，包括其子目录。

-p：使复制的文件具有与源文件相同的所有权和存取权限。

复制文件命令界面和复制文件结果界面分别如图 3.8、图 3.9 所示。

（4）删除文件和目录。

rm［-参数］［文件名］（或目录名）：删除文件和目录。

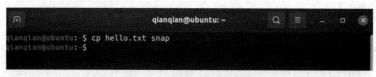

图 3.8   复制文件命令界面

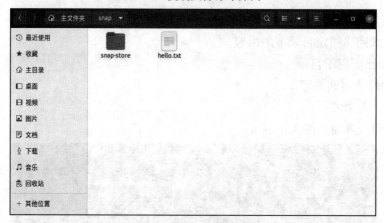

图 3.9   复制文件结果界面

常用参数：

-i：删除时，提醒用户以交互的方式进行操作。

-r：递归删除整个目录，包括其子目录。

-f：强行进行删除，不提醒用户。

删除文件命令界面和删除文件结果界面分别如图 3.10、图 3.11 所示。

图 3.10   删除文件命令界面

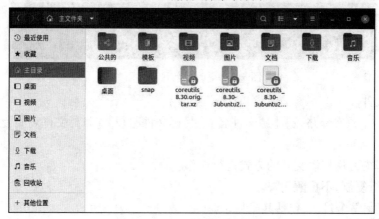

图 3.11   删除文件结果界面

（5）移动或更改文件名。

mv［文件名］［目录名］：把文件移动到指定目录。

mv［文件名］［目录名］［新文件名］：把文件移动到指定目录，并更改文件名。

mv［文件名］［文件名］:更改文件名。

移动文件命令和移动文件结果界面分别如图 3.12、图 3.13 所示。

图 3.12　移动文件命令界面

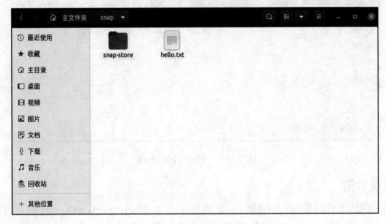

图 3.13　移动文件结果界面

(6)创建和删除目录。

mkdir［-参数］［目录名］:创建目录。

参数-p:建立多级目录。

创建和删除命令、创建结果界面分别如图 3.14、图 3.15 所示。

图 3.14　创建和删除命令界面

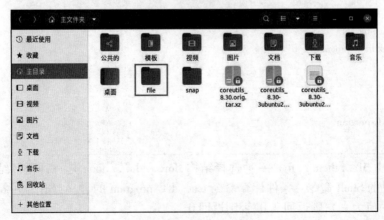

图 3.15　创建结果界面

rmdir［-参数］［目录名］:删除目录。

参数-p:删除目录本身及命令行中显示的所有上级空目录。

删除结果界面如图 3.16 所示。

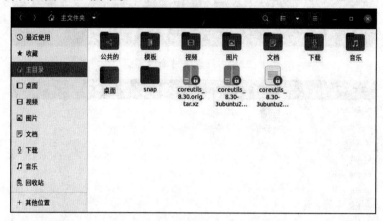

图 3.16　删除结果界面

3. Shell 编程示例

Linux 系统中提供了功能强大的脚本编程语言,如 Shell、perl、awk 等,使用它们可方便地处理各种任务,如配置系统、处理文件、设置定时执行的后台任务等,其中最为常用的 Shell 程序也称命令脚本,功能胜过 DOS 下的批处理文件。

Shell 脚本(Shell Script)是一种计算机程序与文本文件,内容由一连串的 Shell 命令组成,经由 Unix Shell 直译其内容后运作。Shell 脚本被当成是一种脚本语言来设计,其运作方式与直译语言相当,由 Unix shell 扮演命令行解释器的角色,在读取 Shell Script 之后,依序运行其中的 Shell 命令,之后输出结果。Shell 脚本文件除了可包含在命令行执行的所有 Shell 命令外,还可包含变量、数组、表达式、函数及条件转移与循环等控制语句。Shell 脚本文件以文本文件形式存放,因此可用任何文本编辑器如 vi 或 emacs 创建。

以下是一个 Bash Shell 脚本程序示例,该 Shell 程序可以实现把用户目录下所有的 C 语言程序备份到用户的 $ HOME/C-program 目录下的功能。

```
#backup all C program files to /HOME/C-program
if ! test-d C-program
    then mkdir C-program
fi
for f in ＊.c
do
    cp ＄f C-program
done
```

以上程序中,if...then...fi 是一种选择结构,for...do...done 是一种循环结构,而 mkdir 和 cp 都是常见的 Shell 命令。条件计算命令 test -d C-program 的含义:如果 C-program 是个目录(即表达式的值为真),则返回非 0,否则返回 0。

4. Shell 脚本程序的执行

Shell 脚本程序有以下 3 种执行方法。

（1）先使用"chmod+x Shell 脚本程序文件名"命令将 Shell 脚本程序文件的权限设置为可执行，然后在 Shell 提示符下直接输入该文件名即可。

（2）在 Shell 提示符下直接输入命令"sh Shell［脚本程序文件名］"即可。这种方法实际上是调用了一个新的 Bash 命令解释程序，把 Shell 脚本程序文件名作为参数传递给它。新的 Shell 启动后，依次执行脚本程序文件里列出的命令，直至所有的命令执行完毕。

（3）在 Shell 提示符下直接输入命令"sh<Shell［脚本程序文件名］"即可。这一方法使用了重定向技术，使 Shell 命令解释程序的输入取自指定的 Shell 脚本程序文件。

以上介绍的基本操作都是在 Linux 的字符界面下进行的。如果是在图形界面下，则操作过程与在 Windows 操作系统中的相似，主要通过窗口、对话框、图标、菜单等完成，本书对此不再详细介绍，感兴趣的读者可参阅其他参考书。

3.1.7　Linux 的内核模块

Linux 中的可加载内核模块（Loadable Kernel Module，LKM），是内核向外部提供的一个接口，允许将代码添加到正在运行的 Linux 内核中。Linux 中的大多数设备驱动程序可以静态构建在内核映像中或作为可加载内核模块，LKM 在运行时从用户空间安装到内核中。LKM 的提出弥补了内核可扩展性和可维护性相对较差这一缺陷。

可加载内核模块通常被称为内核模块或模块，但它具有误导性，因为模块在各行各业都有存在，Linux 内置在基本内核中的不同部分很容易被称为模块。因此，对于某些类型的可加载内核模块，我们称为内核模块或 LKM。

可加载内核模块通常由 Linux 构建系统安装到 rootfs（也就是根文件系统）中。安装还包含其他文件，这些文件反映了有关 LKM 的详细信息，例如 modules.alias 和 modules.dep。用户空间中的运行时系统在加载内核模块时会使用其他文件，例如在加载特定模块之前加载所有依赖模块，可加载内核模块可以被单独编译，但不能独立运行。可加载内核模块在运行时被链接到内核作为内核的一部分在内核空间运行，这与运行在用户空间的进程是不同的。

LKM 默认安装在 rootfs 的/lib/modules 目录下，其目录下的数字为内核版本，如图 3.17 所示。内核模块有独立功能的程序通常由一组函数和数据结构组成，用来实现一种文件系统、一个驱动程序或其他内核上层的功能。

图 3.17　LKM 安装目录

LKM 可有效节省内存空间，因为系统只会在使用有关内核模块时才会加载它们，而内核的所有部分在任何时候都会被加载。同时，LKM 拥有很快的维护和维修速度，使用内核中的内置文件系统驱动程序时可能需完全重启，而 LKM 可以使用一些快速命令来完成，可多次尝试不同的参数或重复更改代码，无须等待启动。

相较于基本内核模块，LKM 所蕴含的内容要少得多，且 LKM 并非内置在内核中，它们需要从外部加载到内核，才能正常运行。因此，加载 LKM 所需的任何模块都应该内置到基本内核中。

3.2　Linux 使用级实践内容

3.2.1　安装 Ubuntu

1. 把 Ubuntu 安装到 VMware Workstation 虚拟机

VMware Workstation 安装 Ubuntu 的步骤与安装 Windows 10 类似,可参考 2.2.1 节的相关内容。

2. 把 Ubuntu 安装到本地硬盘

(1)安装方式的选择。

①如果通过光盘安装,将 BIOS 设置为光盘启动,插入 Ubuntu 安装光盘,重新启动计算机。

②如果通过 U 盘安装,将 BIOS 设置为 U 盘启动,从官网下载系统镜像,制作好 Ubuntu 安装 U 盘后插入,重新启动计算机。

(2)对硬盘进行分区,留出足够的空间安装系统。

(3)按照系统提示逐步装入系统。

①开机后等待安装程序进入,如图 3.18 所示。

图 3.18　Ubuntu 安装开始界面

②选择语言为"中文(简体)"后点击安装 Ubuntu,如图 3.19 所示。此时部分用户可能出现分辨率错乱等情况,导致显示不全无法继续安装。此时可点击右上角的红色"×",退出安装界面,再单击右键,选择"Display Settings",如图 3.20 所示。之后在"Resolution"下选择合适的分辨率后确认,如图 3.21 所示。最后点击图 3.20 中的"Install Ubuntu 20.04.4LTS"快捷方式安装系统。

图 3.19　安装语言选择

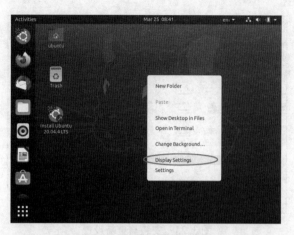

图 3.20　安装分辨率设置 1

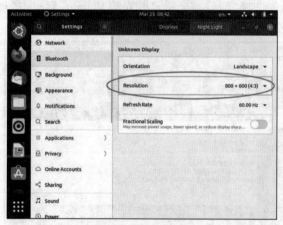

图 3.21　安装分辨率设置 2

③键盘布局选择"Chinese",继续选择"Chinese"后点击"继续",如图 3.22 所示。

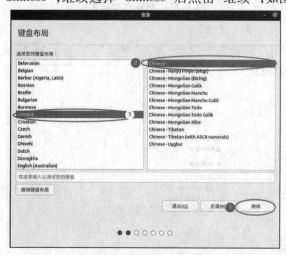

图 3.22　键盘布局设置

④在更新和其他软件页面先选择"正常安装"和"安装 Ubuntu 时下载更新"后点击"继续",如图 3.23 所示。

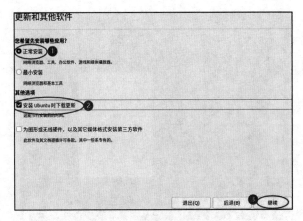

图 3.23   安装与更新设置

⑤在安装类型页面先选择"清除整个磁盘并安装 Ubuntu"后点击"现在安装",在弹出的页面点击"继续",如图 3.24 所示。

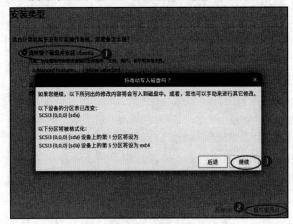

图 3.24   安装类型设置

⑥地址选择"中国"后点击"继续"。

⑦设置好计算机的用户名称和密码后,点击"继续",如图 3.25 所示。

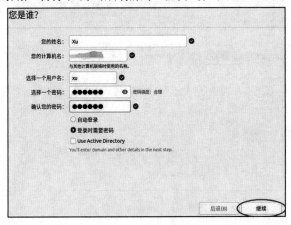

图 3.25   帐户设置

⑧最后进入安装界面,如图 3.26 所示。等待安装结束后选择"现在重启",重启后便成功安装 Ubuntu 系统,如图 3.27 所示。

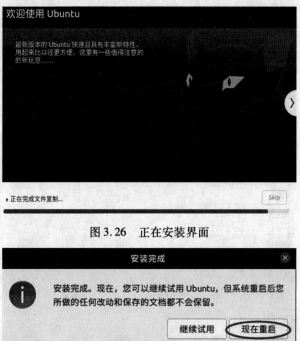

图 3.26　正在安装界面

图 3.27　安装完成后重启

(4)安装完成后,会自动重启进入系统设置页面。此时可按默认值配置系统,也可按需求修改配置。

①登录在线帐号页面可选择跳过,也可按需登录所选帐户,如图 3.28 所示。

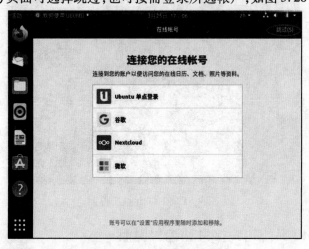

图 3.28　在线帐号设置

②其他的各项设置都可选择右上方的"前进"来进行默认设置,如图 3.29 所示。

③设置完成后点击"完成",如图 3.30 所示。

④成功进入系统,如图 3.31 所示。

图 3.29   帮助改进 Ubuntu 设置

图 3.30   其他设置

图 3.31   Ubuntu 系统界面

3.2.2   Ubuntu 系统用户接口和编程界面

Ubuntu 中用户接口的介绍和简单使用教程在 3.1.5、3.1.6 节中已经介绍,本节不再赘述。本节以 GCC 编译器为例,演示如何在 Ubuntu 中编写一个 C 语言程序。

Linux 系统下的 GCC(GNU C Compiler)是 GNU 推出的功能强大、性能优越的多平台编译器,是 GNU 的代表作品之一。GCC 可以在多种硬件平台上编译可执行程序,其执行效率比一

般的编译器平均效率高 20% ~30% 。最初的 GCC 只能编译 C 语言,随着众多自由开发者的
加入和 GCC 自身的发展,如今的 GCC 已经支持多种语言,其中包括 C、C++、Ada、Object C 和
Java 等。

1. 检查、安装 GCC

使用"gcc -v"可检查系统中是否已经安装 GCC,若已经安装则会提示版本信息,如
图 3.32 所示。

图 3.32　当前 GCC 版本信息

若系统中没有安装 GCC,可根据提示使用"sudo apt install gcc"命令进行安装。安装过程
中遇到是否继续执行的提示时输入"Y"进行确定,然后等待安装成功即可,如图 3.33 所示。

图 3.33　安装 GCC

2. 使用 GCC 编程

（1）使用"touch Cprogram"命令创建一个文件，如图 3.34 所示。

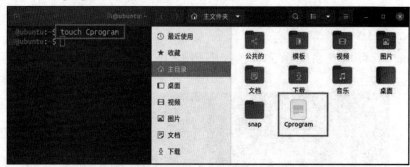

图 3.34　创建文件

（2）使用"nano Cprogram"命令编辑文件，并在其中写入 C 语言程序，如图 3.35 所示。然后将文件扩展名改成.c。

图 3.35　写入 C 语言程序

（3）使用"gcc -c Cprogram.c"命令将文件编译成 Cprogram.o 目标文件，如图 3.36 所示。

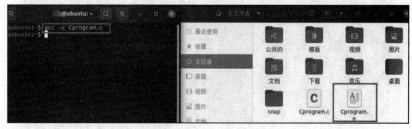

图 3.36　文件编译

（4）使用"gcc Cprogram.o"命令将目标文件链接成为可执行文件，如图 3.37 所示。默认生成的可执行文件名为 a.out，可以使用"gcc［目标文件名］-o［可执行文件名］"命令自定义生成的可执行文件名称。

（5）最后使用"./a.out"命令执行 a.out 文件即可显示输出，如图 3.38 所示。

图 3.37　文件链接

图 3.38　文件执行

3.3　Linux 系统管理级实践内容

3.3.1　在 Ubuntu 中添加、删除用户及用户组

1. 在 Ubuntu 中添加、删除用户

（1）添加用户。

使用"adduser［name］"命令可以添加用户，并且系统还会自动创建与这个用户名称相同的用户组作为这个用户的初始用户组，此时系统/home 目录下会新建一个与用户同名的目录。

首先进入 Root 状态，然后使用"adduser user"命令，新建一个名为 user 的用户，并且可以根据提示输入用户密码以及其他详细信息，如图 3.39 所示。

图 3.39　添加"user"用户

（2）删除用户。

使用"deluser［name］"命令可以删除用户，如图 3.40 所示。

图 3.40   删除"user"用户

2. 在 Ubuntu 中添加、删除用户组

用户组是具有相同特征的用户的集合体。使用用户组可以方便地对一组用户进行统一的权限管理等操作。

（1）添加用户组。

使用"groupadd［name］"命令可以添加一个用户组。例如新建一个名为 group1 的用户组，如图 3.41 所示。

图 3.41   添加"group1"用户组

使用"cat /etc/group"命令可以查看系统中所有的组。

（2）删除用户组。

使用"groupdel［name］"命令可以删除用户组，如图 3.42 所示。

图 3.42   删除"group1"用户组

（3）将用户添加到用户组。

使用"gpasswd-a［username］［groupname］"命令可将指定用户添加到指定用户组。将"user"用户添加到"group1"用户组，如图 3.43 所示。

图 3.43   将用户添加到用户组

（4）将用户从用户组中删除。

使用"gpasswd -d［username］［groupname］"命令可将指定用户从指定用户组中删除。将"user"用户从"group1"用户组中删除，如图 3.44 所示。

图 3.44　将用户从用户组中删除

3.3.2　Ubuntu 的基础配置

1. 设置语言环境

Ubuntu 默认的安装语言为英文,若在安装时未修改语言,可在系统设置模块进行语言的修改和输入法的添加。

(1)点击系统右上方开关机图标,点击"Settings",下滑找到"Region & Language"并双击打开页面,接着点击"Manage Installed Language",如图 3.45 所示。

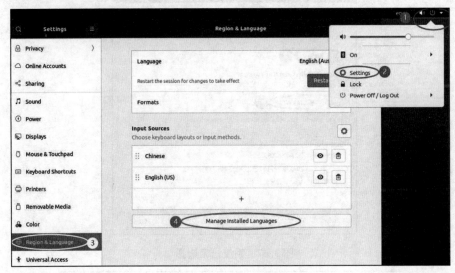

图 3.45　语言设置

(2)在新的页面点击"Install/Remove Languages…",下滑找到"Chinese(simplified)"并选择,点击"Apply",等待系统将有关语言包安装完成,如图 3.46 所示。

(3)安装完成后在原页面点击"Regional Formats",在"Display numbers,dates and currency amounts in the usual format for:"下将语言设置为"汉语(中国)",最后点击"Apply System-Wide",如图 3.47 所示。重启系统后便能成功修改系统语言为中文。

(4)重启进入系统后,再次点击设置的"区域与语言",点击输入源下的"+",在新的页面选择"中文(智能拼音)"并点击"添加",便可将中文输入法添加到系统内,如图 3.48 和 3.49 所示。

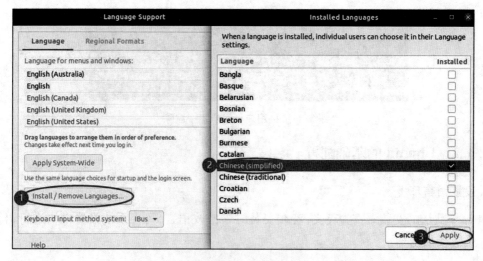

图 3.46　系统语言安装

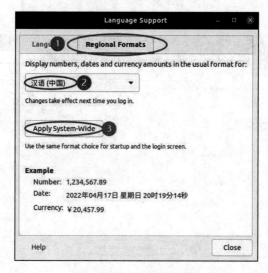

图 3.47　系统语言选择

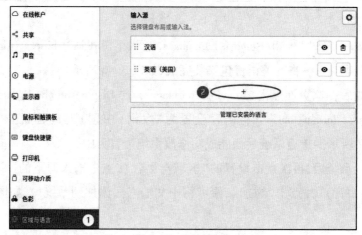

图 3.48　添加键盘

图 3.49　键盘选择

2. 文件管理和目录管理

Ubuntu 中广泛使用的文件系统格式是 EXT3,以此来实现将整个硬盘的写入动作完整地记录在磁盘的某个区域上,而 Windows 使用的文件系统格式一般为 NTFS。Windows 是一个封闭的系统,无法打开、访问 Ubuntu 或 Mac 的硬盘格式,但 Ubuntu 可实现主动挂载 Windows 的文件系统,并以只读的方式访问磁盘中的文件。Ubuntu 系统的所有文件都是基于目录的方式存储的,屏蔽了网络和本地之间的差异,磁盘文件系统、网络文件系统都可以非常方便地使用。

Ubuntu 20.04 默认无法登录 Root 帐户以达到更高权限,此时我们需要作为普通用户登录系统,通过指令来获得有关权限。首先使用快捷键"Ctrl+Alt+t"打开终端,在终端输入命令"sudo passwd root"后按"Enter"键,输入和确认密码后,输入该密码的用户便会暂时拥有 Root 权限,如图 3.50 所示。

图 3.50　设置 Root 密码

Ubuntu 拥有和 Windows 相似的可视化界面,其自带的"文件"程序拥有较健全的文件浏览功能。在应用程序页面打开"文件",点击"其他位置",便能看见有关的磁盘目录和网络,如图 3.51 所示,点击有关磁盘便能显示文件目录。其中系统盘下的起始目录为"根目录",通常写作"/",它是一切目录的起点,如大树的主干,系统的其他目录都是基于树干的枝条或者枝叶。在 Ubuntu 中硬件设备如光驱、软驱、usb 设备都将挂载到这棵繁茂的枝干之上,作为文件来管理。其许多文件夹需要 Root 访问权限,此时在打开该文件夹时可输入所设置的 Root 密码来完成访问,如图 3.52 所示。

根目录下有很多文件夹,如图 3.53 所示。根目录一般不含任何文件,所有其他文件在根文件系统的子目录中,其中比较重要的如下:

图 3.51   文件应用页面

图 3.52   Root 权限认证

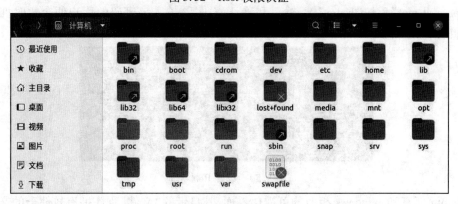

图 3.53   根目录

（1）/bin。bin 是 Binary（二进制）的缩写，存放系统中最常用的、可执行的二进制文件，大多属于重要的系统文件。

（2）/boot。boot 目录存放引导加载器（Bootstrap Loader）使用的文件，是 Linux 内核和系统启动文件，包括 Grub、lilo 启动器程序。

（3）/dev。dev 是 Device（设备）的缩写。该目录存放的是 Linux 外部设备的驱动程序，如硬盘、分区、键盘、鼠标、usb 等。

（4）/etc。这个目录用来存放所有系统管理需要的配置文件和子目录，如 passwd、

hostname 等。

（5）/home。home 是用户的主目录，在 Linux 中，每个用户都有一个自己的目录，一般该目录名是以用户的帐号命名的。

（6）/lib。lib 用于存放共享的库文件，包含许多被/bin 和/sbin 中程序使用的库文件。

（7）/lost+found。lost+found 目录一般情况下是空的，当系统非法关机后，这里就存放了一些零散文件。

（8）/media。media 是 Ubuntu 系统自动挂载的光驱、usb 设备，存放临时读入的文件。

（9）/mnt。mnt 作为被挂载的文件系统的挂载点。

（10）/opt。opt 作为可选文件和程序的存放目录，主要被第三方开发者用来简易安装和卸载他们的软件。

（11）/proc。proc 目录是一个虚拟的目录，它是系统内存的映射，我们可以通过访问这个目录来获取系统信息。这里存放所有标志为文件的进程，比如 cpuinfo 存放 CPU 当前工作状态的数据。

（12）/root。root 目录为系统管理员，也称作超级权限者的用户主目录。

（13）/sbin。sbin 中的"s"就是 Super User 的意思，这里存放的是系统管理员使用的系统管理程序，如系统管理、目录查询等关键命令文件。

3. Vim 文本编辑器

Vim(Vi IMproved)是用于 Unix 或 Linux 系统的开源文本编辑器。它是 CLI(命令行界面)命令中功能强大的文本编辑器，也是一个高度可配置的文本编辑器。Vim 为 Vi 编辑器的升级版，Vi 编辑器的最大用途是创建新文件、编辑现有文件或仅读取文件，Vim 在 Vi 的基础上增加了正则表达式的查找、多窗口的编辑等功能，使用 Vim 进行程序开发会更加方便。

（1）在 Ubuntu 上安装 Vim 编辑器。

默认情况下，Ubuntu 20.04 上未安装 Vim，此时需要打开终端来安装 Vim 编辑器，需要使用"apt-get"命令。首先，运行"sudo apt-get update"为 apt-get 更新所有软件包；其次，运行"sudo apt-get install vim"来安装 Vim 编辑器，期间要输入"Y"确认；最后运行"sudo vim-version"检查 Vim 是否安装成功和查看版本号。

（2）使用 Vim 模式。

使用 Vim 编辑器编辑文件时，有两种操作模式。

①Command mode。在 Command mode 模式下，可以删除文本和复制、粘贴、撤销、重做、保存、退出文件。要切换为此模式，需按"Esc"键。

②Insert mode。在 Insert mode 模式下，可以插入文本或编辑文本并在当前文件中写入任何内容。要切换为此模式，需按"i"键。

（3）使用 Vim 编辑器创建一个文件。

若使用 Vim 编辑器创建一个文件，首先需要选择要创建文件的文件夹，语法如下：

```
sudo vim［ your_file_name. extention］
```

例如，需在桌面中创建 demo. txt 文件，将执行如图 3.54 所示的操作。

按"Enter"键后可以将新建的文件在 Vim 编辑器中打开，按"i"键切换到插入模式，便可插入字段到该文件。

图 3.54　创建文件

（4）用 Vim 编辑器打开文件进行编辑。

若需在 Vim 中打开需要编辑的文件,操作过程类似使用 Vim 编辑器创建文件。当输入命令"sudo vim [your_file_name. extention]"时,程序会检查这个文件名是否存在,若存在,Vim 会直接打开它进行编辑;若不存在,Vim 会创建这个文件并打开文件进行编辑。

（5）在 Vim 编辑器中保存更改文件。

①保存文件并退出 Vim 编辑器需要以下步骤:

a. 按"Esc"键切换到命令模式。

b. 按":"（冒号）,打开命令栏并在窗口左下方插入一个冒号。

c. 输入"wq!"然后按"Enter"键保存文件并退出 Vim。

②保存文件但不退出 Vim 编辑器需要以下步骤:

a. 按"Esc"键切换到命令模式。

b. 按":"（冒号）,打开命令栏并在窗口左下方插入一个冒号。

c. 输入"w [current file name]"然后按"Enter"键保存文件,但此时未退出 Vim,如": w demo. txt"。此时若想重命名文件,可直接输入更改后的文件名,例如输入"w text. txt",文件夹中便会出现 demo. txt 和 text. txt 两个文件。

③退出 Vim 编辑器但不保存文件需要以下步骤:

a. 按"Esc"键切换到命令模式。

b. 按":"（冒号）,打开命令栏并在窗口左下方插入一个冒号。

c. 输入"qa!"然后按"Enter"键不保存文件并退出 Vim。

4. Linux 网络配置

Linux 系统中与网络配置有关的基础知识,在解决内部和外部连接问题时有着至关重要的作用。在 Ubuntu 中,主要使用 Netplan 进行网络配置,接下来的所有命令都是在终端上进行的。

（1）查看当前的 IP 地址。

要查看本机器当前的 IP 地址,可以使用命令"$ ip a"或"$ ip addr",如图 3.55 所示,命令运行后会显示 IP 地址信息和接口名称。

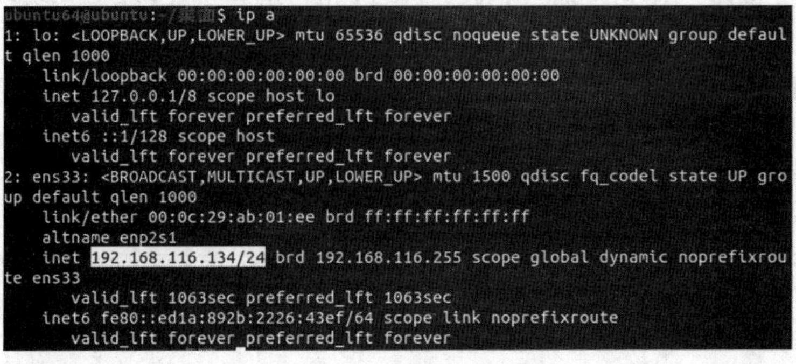

图 3.55　查看本机 IP 与接口

（2）设置静态 IP 地址。

Ubuntu 20.04 使用 Netplan 作为默认网络管理器。Netplan 的配置文件存储在/etc/netplan 目录中。可以通过"＄ls /etc/netplan"命令在 /etc/netplan 目录中找到此配置文件，如图 3.56 所示。该命令将返回扩展名为".yaml"的配置文件的名称，一般为"01-network-manager-all.yaml"。

```
ubuntu64@ubuntu:/$ ls  /etc/netplan
01-network-manager-all.yaml
```

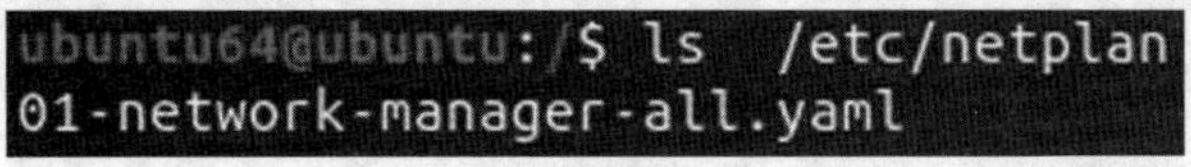

图 3.56　设置静态 IP 地址

在对此文件进行任何更改之前，应当对其创建备份副本，可以使用"cp"命令执行此操作："＄sudo cp /etc/netplan/01-network-manager-all.yaml /etc/netplan/01-network-manager-all.yaml.bak"，此时"01-network-manager-all.yaml"为当前的.yaml 文件名，"01-network-manager-all.yaml.bak"为备份文件名。

接下来使用 Vim 文本编辑器编辑 Netplan 配置。输入"＄sudo vim /etc/netplan/01-network-manager-all.yaml"命令修改文件，然后通过替换适合的网络需求的接口名称、IP 地址、网关和 DNS 信息来添加以下行：

```
network：
    version：2
    renderer：NetworkManager
    ethernets：
        ens33：
            dhcp4：no
            addresses：
            -192.168.116.134/24
            gateway4：192.168.116.2
            nameservers：
                addresses：[114.114.114.114,114.114.115.115]
```

完成后，保存并关闭文件。然后使用"＄sudo netplan try"命令测试新配置，如果它验证了配置，将收到"配置接受"的消息，否则，会回滚至以前的配置；接下来运行命令"＄sudo netplan Apply"应用新配置；最后使用"＄ip a"重新确认 IP 地址。

（3）设置动态 IP 地址。

使用 Vim 文本编辑器编辑 netplan 配置，将接口名称替换为系统的网络接口，从 DHCP 接收动态 IP 地址，在"01-network-manager-all.yaml"中添加以下行：

```
network：
    version：2
    renderer：NetworkManager
    ethernets：
        ens33：
            dhcp4：yes
            addresses：[ ]
```

完成后,保存并关闭文件。使用" $ sudo netplan try"和" $ sudo netplan Apply"来测试应用新配置,最后,使用" $ ip a"重新确认 IP 地址。

完成基本网络配置后,使用"ping"命令验证系统与网络和外部网络上其他系统的连接性:" $ ping IP 地址或域名"。

5. 打包(归档)和压缩

(1)文件打包。

文件的打包操作是指将多个文件统一归类到一个文件中,就像用收纳盒将多个文件收纳起来。本小节将介绍如何使用命令行对文件进行打包。在系统主目录中有 3 个用于演示的文件:File1、File2 和 File3,如图 3.57 所示。

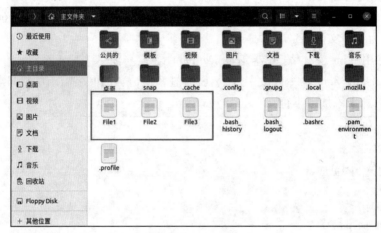

图 3.57　演示文件

进入 Ubuntu 系统,打开要进行操作的文件所在的文件夹,并在此文件夹下使用终端,打开命令行操作界面(在文件夹空白处单击鼠标右键,选择"在终端打开"),如图 3.58 所示。

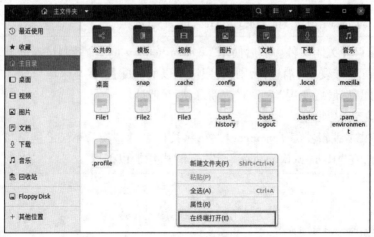

图 3.58　进入命令行界面

使用命令"tar -cf [打包后的文件名]. tar [要打包的所有文件名]",将文件 File1、File2 和 File3 打包成名为"A. tar"的文件,如图 3.59 所示。在文件夹内可看到打包后的 A. tar 文件,如图 3.60 所示。

图 3.59　打包文件

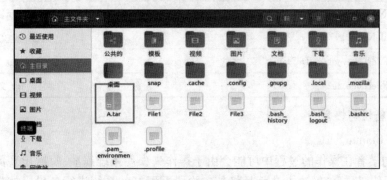

图 3.60　查看打包文件

使用"tar -tvf [打包文件名]. tar"命令可以查看包内文件,如图 3.61 所示。

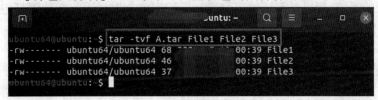

图 3.61　查看包内文件

使用"tar -xvf [打包文件名]. tar"命令可将. tar 包中的文件解包到当前文件夹,如图 3.62
所示。

图 3.62　文件解包

(2)文件压缩。

将文件打包后压缩,可以减少文件所占用的存储空间,并且方便传输。使用命令行对文件
进行压缩的操作与打包类似,在此不再赘述详细步骤。表 3.4 中列出了部分 Ubuntu 下压缩与
解压各种文件的命令。

表 3.4　部分 Ubuntu 下压缩与解压各种文件的命令

命令	功能
tar cvf FileName. tar DirName	打包文件
tar xvf FileName. tar	解包文件
tar zcvf FileName. tar. gz DirName	压缩成. tar. gz 文件
tar zxvf FileName. tar. gz	解压. tar. gz 文件
tar jcvf FileName. tar. bz2 DirName	压缩成. tar. bz2 文件
tar jxvf FileName. tar. bz2	解压. tar. bz2 文件

续表 3.4

命令	功能
zip FileName. zip DirName	压缩成.zip 文件
unzip FileName. zip	解压.zip 文件
gzip FileName	压缩成.gz 文件
gunzip FileName. gz	解压.gz 文件
tar zcvf FileName. tar. gz DirName	压缩成.tgz 文件
tar zxvf FileName. tgz	解压.tgz 文件

6. Linux 备份与恢复

（1）备份 Ubuntu。

Ubuntu 初学者在操作的过程中可能会由于操作失误使系统崩溃,每次出现问题后都重装系统是很麻烦的,最好的解决办法就是将某一阶段配置好的系统进行备份。如果日后系统崩溃了,可以从备份中直接还原,省去了很多重装软件和配置环境的时间。由于 Linux 是一个"一切皆文件"的系统,所以对系统的备份就相当于把整个根目录的文件都打包压缩保存。本小节将介绍如何备份与恢复 Ubuntu。

①设置 Root 密码。

首先,为了避免操作过程中出现权限问题,备份操作需在 Root 状态下进行,然而 Ubuntu 刚安装后不能直接运行"su"命令进入 Root,需要先手动设置密码后才能使用,步骤如下:

a. 打开终端进入命令行界面,输入命令"sudo passwd root",根据提示输入当前用户的登录密码并按"Enter"键,如图 3.63 所示。需要注意的是,Ubuntu 中在命令行输入的密码不会被显示出来,应仔细输入,避免错误。

图 3.63　设置 Root 密码

b. 输入用户密码后,会提示输入新的 Root 密码,在"新的 密码"后输入要设置的新 Root 密码,按"Enter"键,然后重新输入新的密码,再按"Enter"键即完成 Root 密码的修改,如图 3.64 所示(Root 密码与用户密码不同,不可混淆)。

图 3.64　设置 Root 密码

②备份 Ubuntu。

a. 首先进入系统根目录。打开"文件",点击左下角"其他位置",然后点击"计算机",即可进入系统的根目录,如图 3.65~3.67 所示。

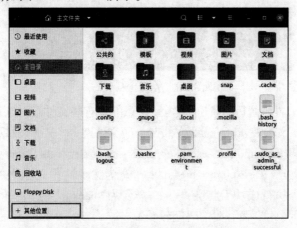

图 3.65　主文件夹

图 3.66　其他位置

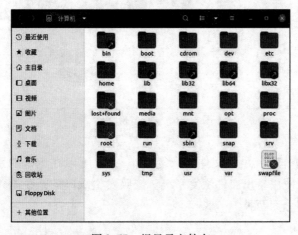

图 3.67　根目录文件夹

b. 在根目录下进入终端(如果不想备份整个文件系统,也可进入需要备份的目录并打开终端),然后进入 Root 状态,这样系统就不会限制对文件的访问和操作。使用"su"命令并输入之前设置的 Root 密码即可,如图 3.68 所示。

图 3.68　进入 Root 状态

c. 通过 tar 对整个文件系统进行备份,但需要注意的是有些文件不可以备份,包括当前备份系统产生的压缩文件、proc 文件夹、lost+found 文件夹、mnt 文件夹、sys 文件夹以及 media 文件夹。

使用命令"tar cvpzf backup. tgz --exclude = proc --exclude = lost+found --exclude = backup. tgz --exclude = mnt --exclude = sys --exclude = media ＊",意为除了这些文件外,将当前路径下剩余所有文件打包压缩。命令执行成功后将会产生一个名为"backup. tgz"的压缩文件,实现对系统的备份,如图 3.69 所示(此步骤需要的时间较长)。

图 3.69　压缩备份文件

此时重新进入根目录文件夹,即可发现 backup. tgz 文件已经成功生成,如图 3.70 所示。将此文件用硬盘拷贝出来备用。

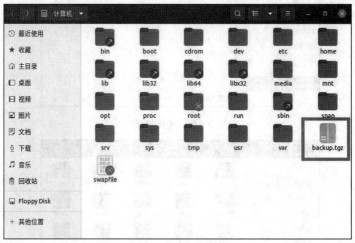

图 3.70　查看备份文件

(2)恢复 Ubuntu。

对 Linux 的恢复操作其实就是文件的恢复操作,并且可以在运行的系统中恢复系统。若遇到系统出现故障,可使用备份文件恢复系统。按照发生故障的系统是否还能进入终端命令行界面,可将恢复操作分为两种。

①系统能进入终端。

将备份文件 backup. tgz 拷贝到系统根目录上,打开命令行并切换到 Root 状态,输入命令

"tar xvpfz backup. tgz -C/"，如图 3.71 所示，耐心等待执行结束。

图 3.71　恢复系统

如果此时系统根目录中没有 proc、lost+found、mnt、sys 或 media 文件夹（在备份时被手动排除），则需根据实际情况手动重建这些文件夹，例如使用"mkdir proc"命令新建 proc 文件夹。

最后重新启动系统，恢复完成。

②系统无法进入终端。

此时需要先重装系统，然后再使用上述进入终端进行系统恢复的方法进行系统的恢复操作。安装 Ubuntu 的方法详见 3.2.1 节，此处不再赘述。

需要注意的是，本节所讲述的恢复是"保留恢复"，即存在相同文件名的文件会被覆盖，而原目录下已存在（但备份档案里没有）的文件仍然会被保留。如果想完全恢复到与备份文件一模一样，需要清空原目录，但是此操作有风险，可能导致系统崩溃，需谨慎操作。

3.3.3　Ubuntu 的高级配置

1. Linux 磁盘管理

Linux 用户可以使用命令行对磁盘进行管理，常用的磁盘管理命令有"fdisk""df"和"du"等等，本节将对这些命令进行简单介绍。

（1）"fdisk"命令。

Linux 中的"fdisk"命令是一种较为常用的分区命令，支持对小于 2 TB 的分区进行操作，可以用于创建和维护分区以及进行　些其他的操作。以下是一些操作示例。

①显示当前分区情况。

使用"fdisk -l"命令可查看本机当前的分区情况，如图 3.72 所示（此操作需在 Root 状态下使用，否则会提示权限不够）。

图 3.72　本机分区情况

②找到系统根目录所在的磁盘并查阅此硬盘相关信息。

a. 使用"df /"命令,找到根目录所在磁盘(图3.73)。可以看到根目录所在磁盘为"/dev/sda5"。

图3.73　根目录磁盘信息

b. 使用"sudo fdisk /dev/sda"命令(而非fdisk /dev/sda5),根据提示输入用户密码,然后输入"m"打开命令介绍,如图3.74所示。

图3.74　获取帮助

c. 输入"p",即可显示出这个磁盘的分区表信息,如图3.75所示。

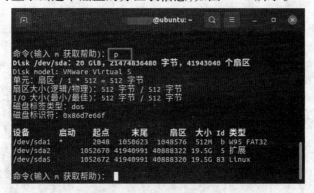

图3.75　磁盘分区表信息

(2)"df"命令。

"df"命令可检查文件系统的磁盘空间占用情况。其命令格式为"df[-ahikHTm][目录名或文件名]",其中[-ahikHTm]代表着不同的参数和选项,例如-a代表着列出所有的文件系统,-k代表着以KBytes的容量格式显示各文件系统。用户可根据自己的需求选择适合的参数,以下是一些操作示例。

①使用"df"命令列出本机所有的文件系统,如图 3.76 所示。

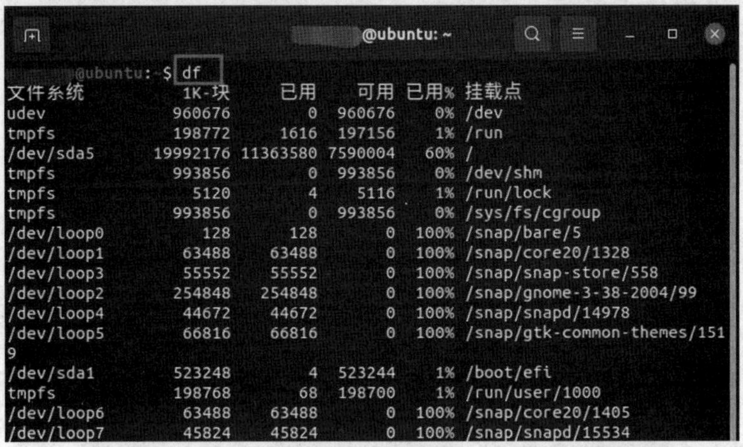

图 3.76　本机文件系统

②使用命令"df -h",将磁盘容量以 GBytes、MBytes、KBytes 的格式显示出来,如图 3.77
所示。

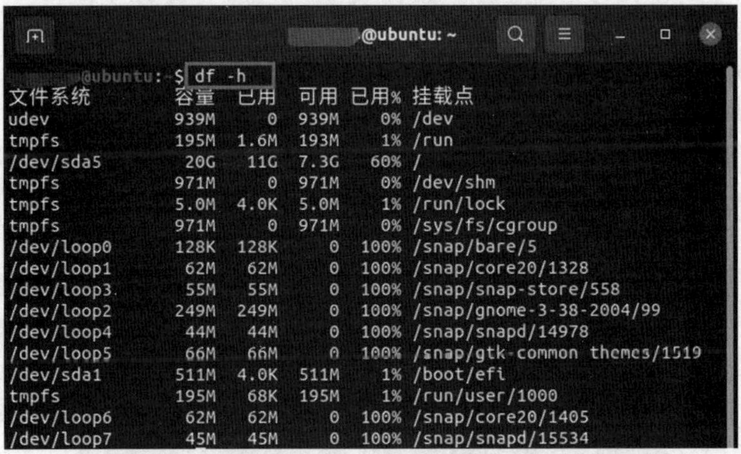

图 3.77　本机文件系统

③使用"df -h /home"命令,显示根目录下 home 文件夹所在磁盘的容量信息,如图 3.78
所示。

图 3.78　home 文件夹的磁盘信息

(3)"du"命令。

使用"du"命令可显示指定的目录或文件所占用的磁盘空间大小,以下是一些操作示例。

①使用命令"du -h[文件名或目录名]",能以方便用户阅读的格式显示目录所占的空间
情况,如图 3.79 所示。

图 3.79　file 文件夹占用空间情况

示例中的当前目录存在一个名为"file"的文件夹,其中包含 file1 和 file2 两个文件。执行命令后可以看到,file 文件夹共占空间 12 K,其中 file1 和 file2 两个文件各占空间 4.0 K。

②使用"du -s file"命令,可查看 file 文件夹占用的总量,而不显示其子目录和文件的详细信息,如图 3.80 所示。

图 3.80　file 文件夹占用总量

2. Linux 系统管理

Linux 同 Windows 一样提供了丰富的系统管理功能,本小节以 Ubuntu 为例,对 Linux 系统管理功能进行简单介绍。

(1)时间管理。

①使用"cal -y 2022"命令显示日历,如图 3.81 所示。

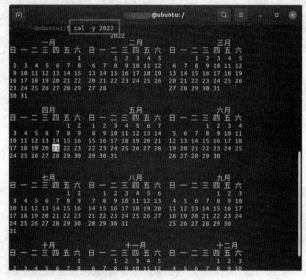

图 3.81　2022 年日历

②使用"date"命令查看当前时间,如图 3.82 所示。

(2)进程管理。

①使用"ps -aux"命令显示所有的进程信息,如图 3.83 所示。

②使用"ps"命令显示当前终端下的所有进程信息,如图 3.84 所示。

图 3.82　当前时间

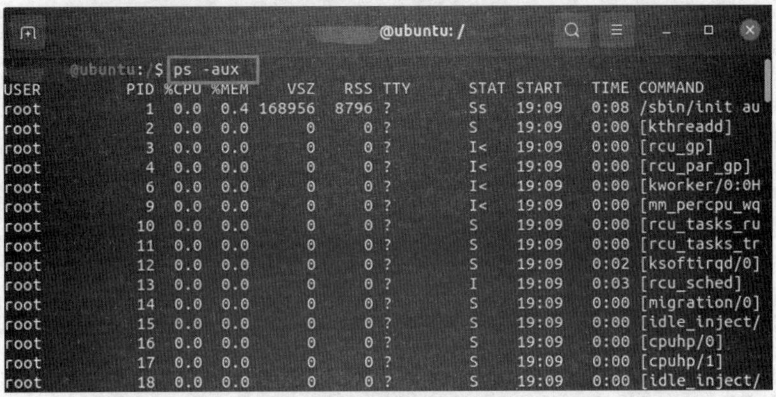

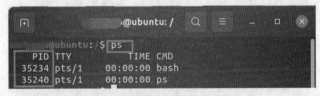

图 3.83　所有进程信息

图 3.84　当前终端下的所有进程信息

每个进程都有属于自己的 PID，使用"kill -9〔进程 PID〕"命令可强制关闭指定进程。

③使用"top"命令动态显示所有进程信息，如图 3.85 所示。

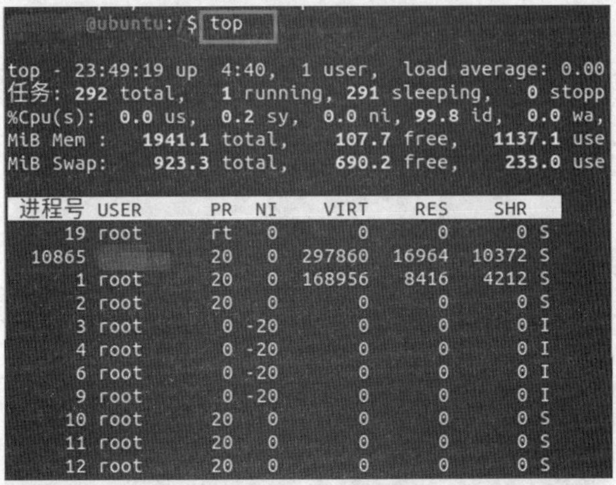

图 3.85　动态显示所有进程信息

（3）开关机。

①使用"reboot"命令可重启系统。

②使用"shutdown -h〔关机时间〕"命令可定义自动关机的时间，如图 3.86 所示。

图 3.86 设置 10 min 后关机

"shutdown -h 10"命令表示 10 min 后关机,使用"shutdown -c"命令可取消关机。使用"shutdown -h now"可立即关机。

（4）用户相关。

①使用"useradd［用户名］"命令可以添加用户。首先进入 Root 状态,然后输入命令,添加一个名为"User1"的用户,如图 3.87 所示。

图 3.87 添加 User1 用户

类似地,使用"userdel［用户名］"命令可删除用户。

②使用"passwd"命令可以更改当前用户的密码,如图 3.88 所示。

图 3.88 更改用户密码

（5）查看本机信息。

①使用"dmesg ｜ grep CPU"命令可查看本机 CPU 信息,如图 3.89 所示。

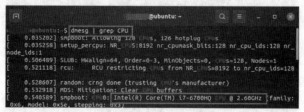

图 3.89 CPU 信息

②使用"uname -a"命令可查看系统所有相关信息,如图 3.90 所示。

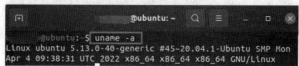

图 3.90 系统信息

③使用"uname -r"命令可查看系统内核版本,如图 3.91 所示。

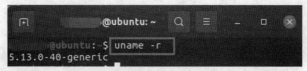

图 3.91　系统内核版本

3. 软件安装

（1）直接在 Ubuntu 自带的软件商店进行搜索并下载安装，如图 3.92 所示。

图 3.92　商城安装

（2）可以使用"apt"命令进行软件安装，安装之前可以输入"sudo apt update"命令来获取最新的安装包，如图 3.93 所示。

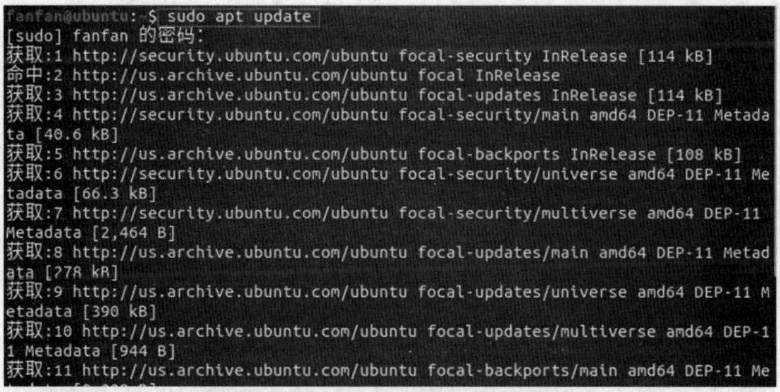

图 3.93　获取最新安装包

在终端输入"sudo apt install［软件包名］"进行安装，如图 3.94 所示。

图 3.94　安装

当安装失败时,可以使用"sudo apt -f install"命令修复损坏的软件包,卸载出错的包后重新安装正确版本,如图 3.95 所示。

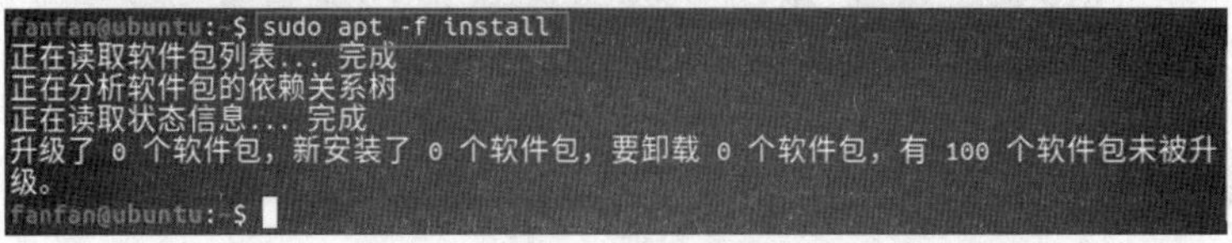

图 3.95   修复

(3)可以使用"snap"命令进行软件安装,snap 软件包一般安装在/snap 目录下,如果没有使用过 snap 命令,可以先使用"apt"命令下载"snap",如图 3.96 所示。

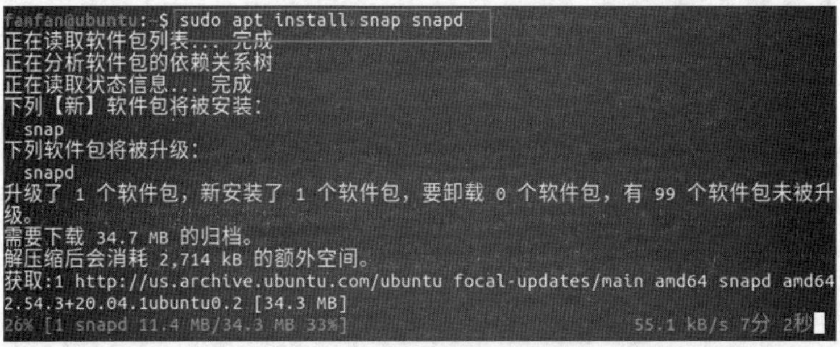

图 3.96   下载 snap

使用"sudo snap find [包名]"搜索软件,如图 3.97 所示。

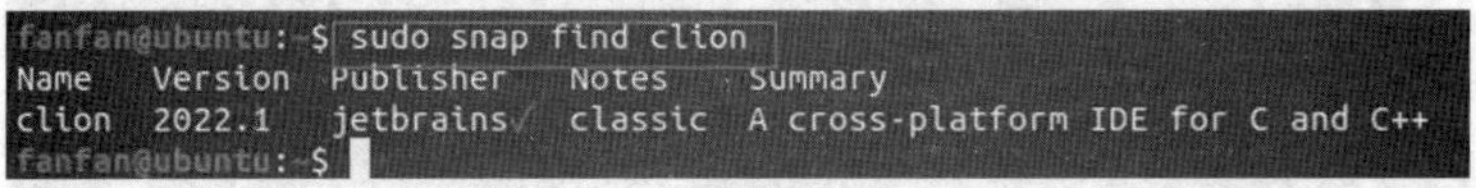

图 3.97   搜索软件包

使用"sudo snap install [包名]"下载并安装软件,如图 3.98 所示。

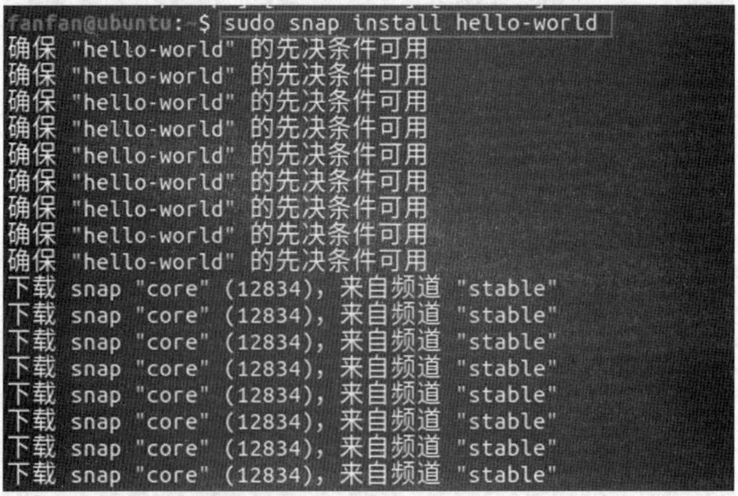

图 3.98   安装软件包

(4)上述的方法都只能安装已经添加到软件源里面的软件,没有被添加到软件源的软件需要在官网找到后缀名为"deb"的软件包,用"dpkg"命令进行安装,使用"sudo dpkg -i [文件名].deb"命令进行安装,如图 3.99 所示。

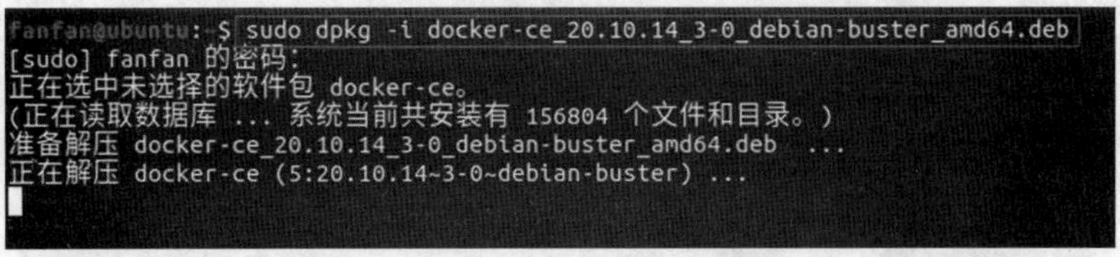

fanfan@ubuntu:~$ sudo dpkg -i docker-ce_20.10.14_3-0_debian-buster_amd64.deb
[sudo] fanfan 的密码:
正在选中未选择的软件包 docker-ce。
(正在读取数据库 ... 系统当前共安装有 156804 个文件和目录。)
准备解压 docker-ce_20.10.14_3-0_debian-buster_amd64.deb ...
正在解压 docker-ce (5:20.10.14~3-0~debian-buster) ...

图 3.99　安装后缀名为“deb”的软件包

4. 远程登录 Linux-Xshell

Xshell 是一个强大的安全终端模拟软件,它支持 SSH1、SSH2,以及 Microsoft Windows 平台的 Telnet 协议。Xshell 通过互联网到远程主机的安全连接以及它创新性的设计和特色,帮助用户在复杂的网络环境中享受他们的工作。Xshell 可以用于在 Windows 界面下访问远端不同系统下的服务器,从而较好地达到远程控制终端的目的。除此之外,其还有丰富的外观配色方案以及样式选择。

(1)下载 Xshell。

首先去官网下载 Xshell 软件,如图 3.100 所示。

NETSARANG
XMANAGER
XSHELL
XFTP
XLPD
XSHELL 7
下载
选择您的许可类型

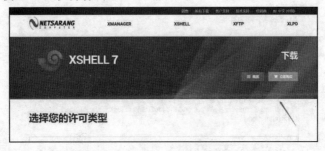

图 3.100　Xshell 下载

(2)按照系统提示逐步装入系统。

①双击要安装的软件,页面会弹出“Xshell 7 安装程序正在准备 InstallShield Wizard,它将引导您完成剩余的安装过程。请稍候。”等字样,等待其完成,如图 3.101 所示。

Xshell 7 - InstallShield Wizard
Xshell 7 安装程序正在准备 InstallShield Wizard,它将引导您完成剩余的安装过程。请稍候。
正在解压缩: Xshell 7.msi
取消

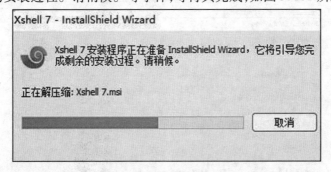

图 3.101　Xshell 安装向导

②完成后,页面上会出现欢迎使用 Xshell 的安装指南,点击“下一步”,如图 3.102 所示。

③在弹出的“许可证协议”页面中选择“我接受许可证协议中的条款”,点击“下一步”,如图 3.103 所示。

④在弹出的“选择目的地位置”页面中,选择目的地文件夹,选择后点击“下一步”,如图 3.104 所示。

图 3.102　Xshell 安装指南

图 3.103　Xshell 许可证协议

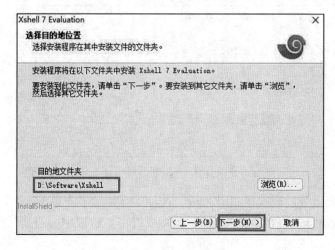

图 3.104　Xshell 安装目录

⑤选择程序文件夹,点击"安装",如图 3.105 所示。

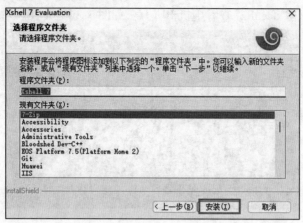

图 3.105　选择程序文件夹

⑥软件会弹出安装状态,等待安装完成即可,如图 3.106 所示。

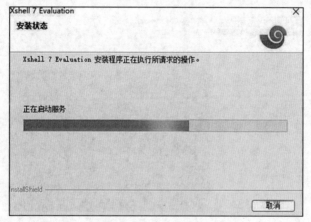

图 3.106　Xshell 安装状态

⑦Xshell 安装完成页面如图 3.107 所示。

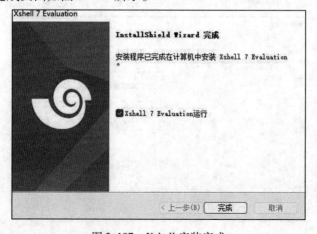

图 3.107　Xshell 安装完成

（3）使用 Xshell 连接服务器。

①在服务器上输入"ifconfig"查看主机 IP 信息，如图 3.108 所示。

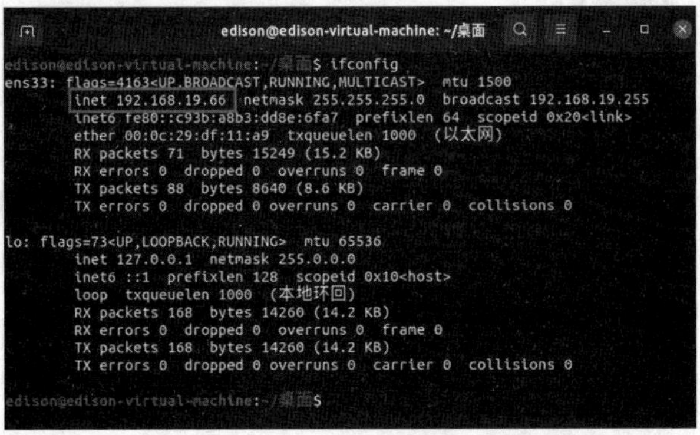

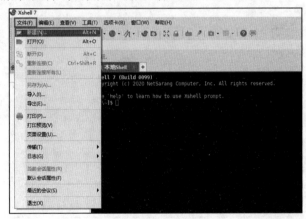

图 3.108　查找服务器 IP

②打开 Xshell，点击"文件"，再点击"新建"，如图 3.109 所示。

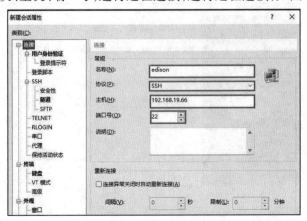

图 3.109　Xshell 新建

③输入名称、协议、主机、端口号，进行远程连接，进行远程连接，如图 3.110 所示。

图 3.110　Xshell 远程连接信息

④输入用户名、密码,选择"Password",点击"确定",进行远程登录,如图 3.111 所示。

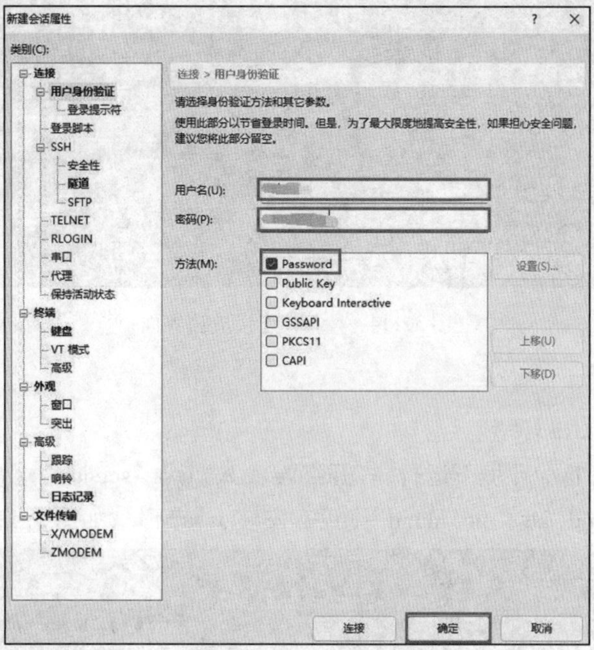

图 3.111　Xshell 用户身份验证

⑤点击名称,再点击连接,连接完成后如图 3.112 所示。

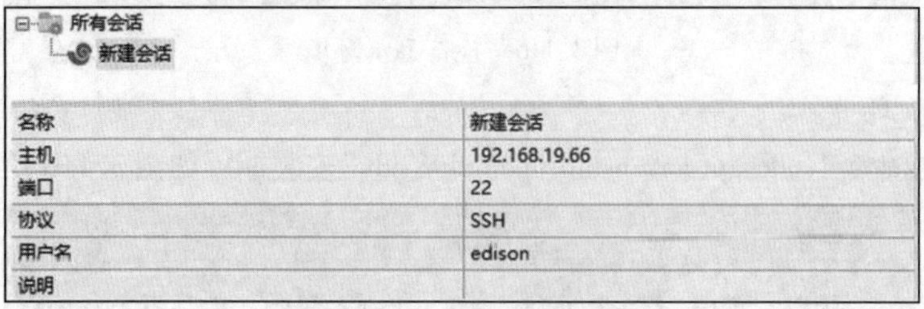

名称	新建会话
主机	192.168.19.66
端口	22
协议	SSH
用户名	edison
说明	

图 3.112　Xshell 连接完成

⑥连接成功,如图 3.113 所示。

图 3.113　Xshell 连接成功

⑦输入命令"ping [ip]",若成功,则说明连接成功,如图 3.114 所示。

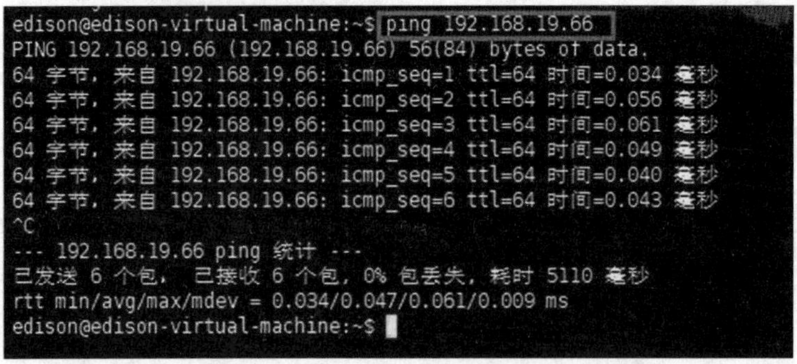

图 3.114   Xshell 连接成功界面

5. 配置 Tomcat

（1）检查并安装 Java 环境。

①Tomcat 需要在 Java 环境下运行，打开终端输入"java -version"检查是是否安装 Java 环境，如果显示"Command 'java' not found"则没有安装 Java 环境，如图 3.115 所示。

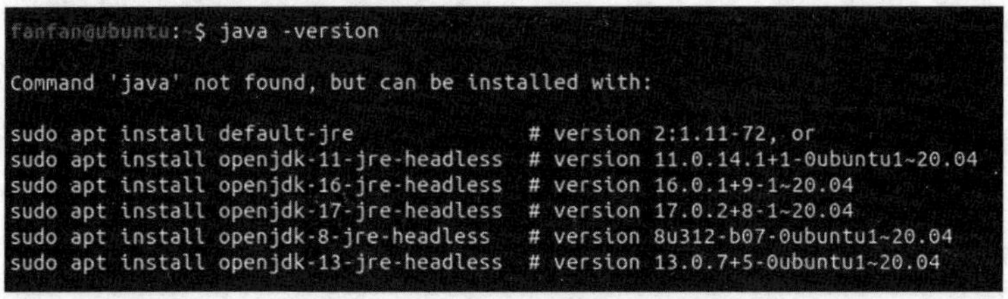

图 3.115   检查 Java 环境

②安装 Java 环境。

a. 输入安装命令"sudo apt-get install openjdk-8-jdk"安装 jdk，如图 3.116 所示。

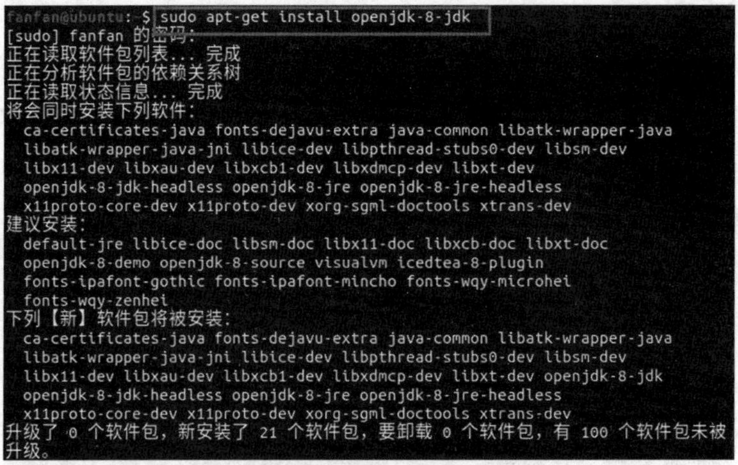

图 3.116   安装 jdk

b. 输入"java -version"检查 jdk 是否安装完成，如图 3.117 所示。

（2）下载 Tomcat。

①去官网下载 Tomcat，如图 3.118 和图 3.119 所示。

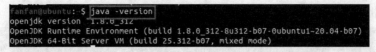

图 3.117　安装 jdk

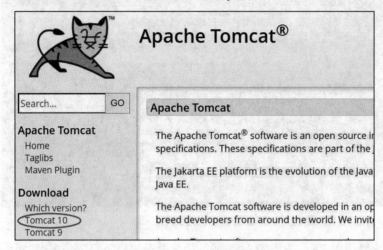

图 3.118　Tomcat 下载 1

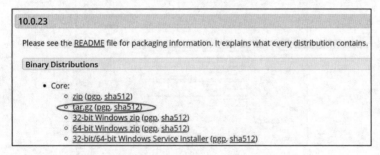

图 3.119　Tomcat 下载 2

（3）传输到 Linux 中。

①打开 Xftp 软件，连接 Linux，如图 3.120 所示。

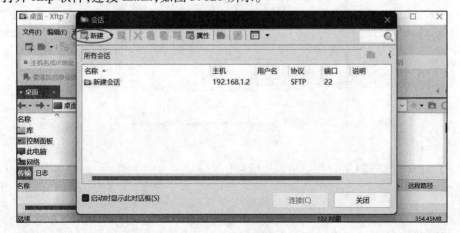

图 3.120　Xftp 连接

②在虚拟机中使用"ifconfig"命令查看 IP 地址,如图 3.121 所示。

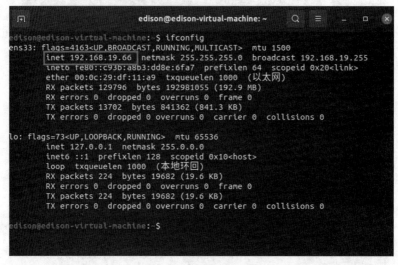

图 3.121　查看虚拟机 IP

③注意这里要使用 Root 帐号登录,否则可能会出现权限不足的情况,如图 3.122 所示。

图 3.122　连接信息

④将 Tomcat 传输到 Linux 中,如图 3.123 所示。

(4)解压 Tomcat。

使用解压命令将 Tomcat 解压,如图 3.124 所示。

(5)启动并访问。

①进入到 Tomcat 的 bin 目录中,执行 startup. sh 启动 Tomcat,如图 3.125 所示。

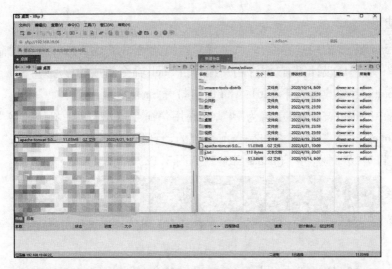

图 3.123 传送 Tomcat

```
edison@edison-virtual-machine:~$ tar zxf apache-tomcat-9.0.62.tar.gz
edison@edison-virtual-machine:~$ ls
公共的    文档    apache-tomcat-9.0.62              vmware-tools-distrib
模板      下载    apache-tomcat-9.0.62.tar.gz
视频      音乐    jj.txt
图片      桌面    VMwareTools-10.3.23-17030946.tar.gz
edison@edison-virtual-machine:~$
```

图 3.124 解压 Tomcat

```
edison@edison-virtual-machine:~$ cd /home/edison/apache-tomcat-9.0.62/bin
edison@edison-virtual-machine:~/apache-tomcat-9.0.62/bin$ sh startup.sh
Using CATALINA_BASE:   /home/edison/apache-tomcat-9.0.62
Using CATALINA_HOME:   /home/edison/apache-tomcat-9.0.62
Using CATALINA_TMPDIR: /home/edison/apache-tomcat-9.0.62/temp
Using JRE_HOME:        /usr/local/src/jdk/jdk1.8
Using CLASSPATH:       /home/edison/apache-tomcat-9.0.62/bin/bootstrap.jar:/home
/edison/apache-tomcat-9.0.62/bin/tomcat-juli.jar
Using CATALINA_OPTS:
Tomcat started.
edison@edison-virtual-machine:~/apache-tomcat-9.0.62/bin$
```

图 3.125 启动访问 Tomcat

②在浏览器中访问 Linux 的 IP 地址,出现图 3.126 所示页面说明成功访问到 Linux 中的 Tomcat,如图 3.126 所示。

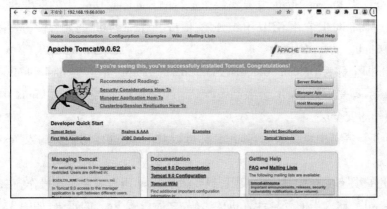

图 3.126 Tomcat 访问界面

6. Shell 使用

Shell 是 Linux 系统的用户界面,即命令解释器,它解释用户输入的命令并把命令送去内核执行。它也是一种程序设计语言,允许用户编写由 Shell 命令组成的程序。

(1)在 Ubuntu 系统桌面按下"Ctrl+Alt+T"可打开 Shell 窗口,其中"@"和":"是分隔符号,如果是超级用户(Root),命令提示符为"#",普通用户命令提示符是"$"。"@"前面为用户名,示例是"fanfan","@"与":"之间是当前系统的计算机名,示例为"ubuntu",":"与"$"之间是当前所在目录,示例是"~"(home 目录),如图 3.127 所示。

图 3.127   打开 Shell 窗口

(2)输入"echo $SHELL"查看当前 Linux 的默认 Shell,如图 3.128 所示。

```
fanfan@ubuntu:~$ echo $SHELL
/bin/bash
```

图 3.128   查看当前 Linux 的默认 Shell

(3)输入"cat /etc/shells"查看 Linux 支持的 Shell,如图 3.129 所示。

```
fanfan@ubuntu:~$ cat /etc/shells
# /etc/shells: valid login shells
/bin/sh
/bin/bash
/usr/bin/bash
/bin/rbash
/usr/bin/rbash
/bin/dash
/usr/bin/dash
fanfan@ubuntu:~$
```

图 3.129   查看 Linux 支持的 Shell

Sh:Sh 的全称为 Bourne Shell,它是第一个流行的 Shell,是 Unix 上的标准 Shell。

Bash:是默认的 Shell,它由 GNU 组织开发,保持了对 Sh Shell 的兼容性,是各种 Linux 发行版默认配置的 Shell。

Dash:Dash 即全称为 Debian Almquist Shell(dash),Dash Shell 比 Bash Shell 小得多。

Rbash:Rbash 即受限的 Shell,会限制一些 Bash Shell 中的功能,它为 Linux 中的 Bash Shell 提供了一个额外的安全层。

(4)在 Shell 解释器中直接输入 Shell 名称可以对 Shell 进行切换。输入"exit"退出转换,如图 3.130 所示。

(5)Root 用户具有系统中最高的权限,想要激活 Root 用户需要手动操作,在命令行界面下输入"sudo passwd",输入当前登录计算机的密码,之后设置 Root 的密码,如图 3.131 所示。

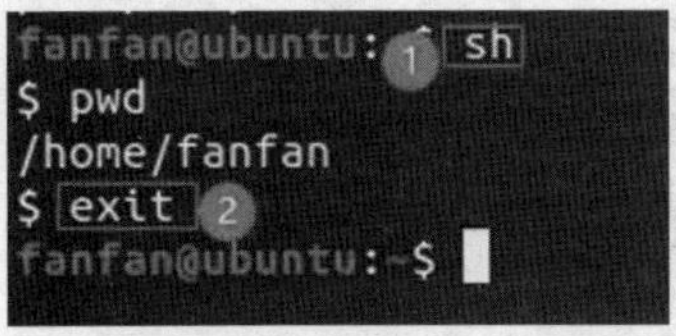

图 3.130　Shell 切换与退出转换 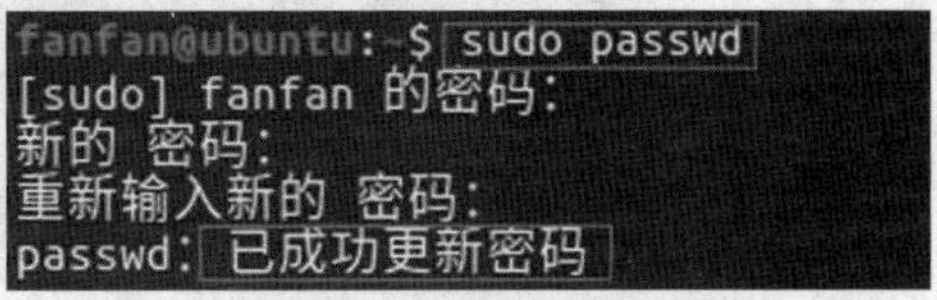　　　　　图 3.131　激活 Root 用户

输入"su [用户名]"可以切换身份至指定用户，不加用户名即默认切换到 Root 用户，如图 3.132 所示。

图 3.132　切换用户

（6）输入"sudo adduser [用户名]"可以新建用户，如图 3.133 所示。

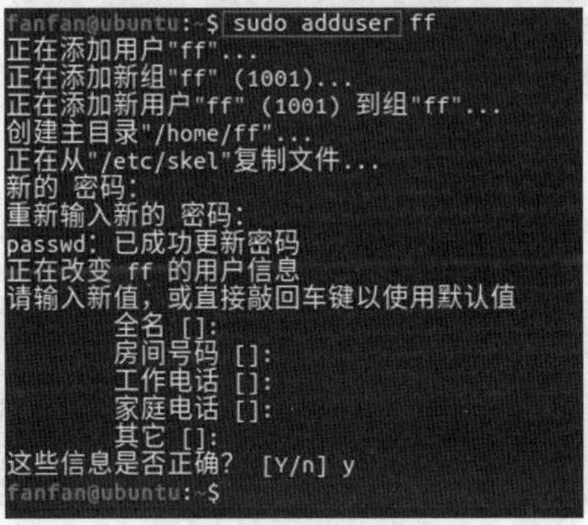

图 3.133　新建用户

（7）输入"userdel [用户名]"可以删除用户，想删除它留在系统上的文件也可通过输入"userdel -r [用户名]"来实现，如图 3.134 所示。

图 3.134　删除用户

（8）输入"cat /etc/issue"查看 Ubuntu 的版本，如图 3.135 所示。

Linux 中 cat 是 concatenate 的缩写，此命令用于将文件及标准输入内容打印输出，常用来显示文件内容及从标准输入读取的内容，或者将几个文件连接起来显示，它常与重定向符号配合使用。

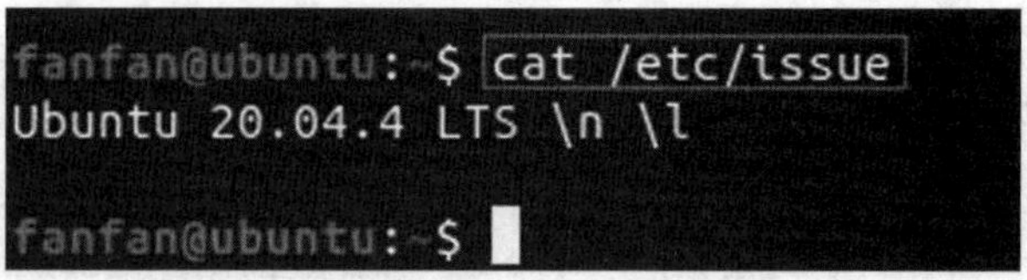

图 3.135　查看 Ubuntu 版本

（9）输入"uname -a"查看 Linux 的内核版本和系统是多少位：x86_64 代表系统是 64 位，如图 3.136 所示。

图 3.136　查看 Linux 内核版本和系统

（10）"pwd"命令用来查看当前工作目录，如图 3.137 所示。

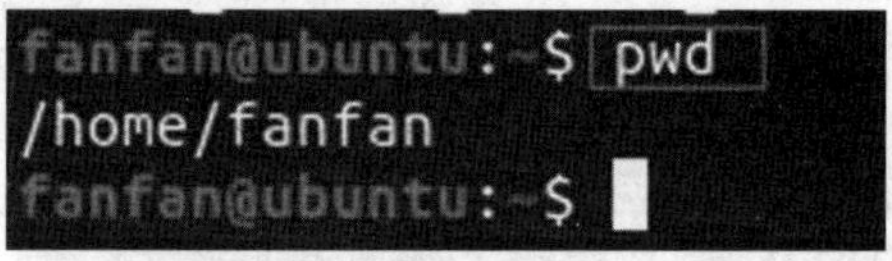

图 3.137　查看当前工作目录

（11）输入"mkdir［文件名称］"即可在当前工作目录中新建子目录，这里创建 testf 进行测试，第二次创建时提示"文件已存在"代表创建成功，如图 3.138 所示。

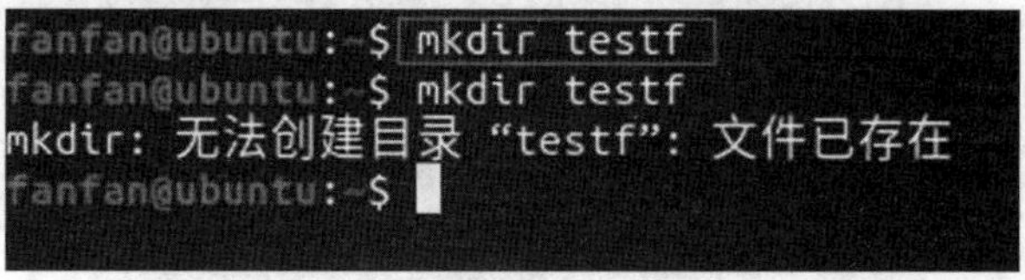

图 3.138　创建子目录

（12）输入"ls"查看文件夹下包含的文件信息，如图 3.139 所示。

图 3.139　查看文件夹下包含的文件信息

（13）输入"cd［文件名称］"可更改当前的工作目录，删除文件或目录使用"rm［文件名称］"；再次删除时提示"没有那个文件或目录"说明文件已被成功删除，如图 3.140 所示。

图 3.140　更改和删除工作目录

（14）输入"ps -ef"可以查看当前所有进程，如图 3.141 所示。

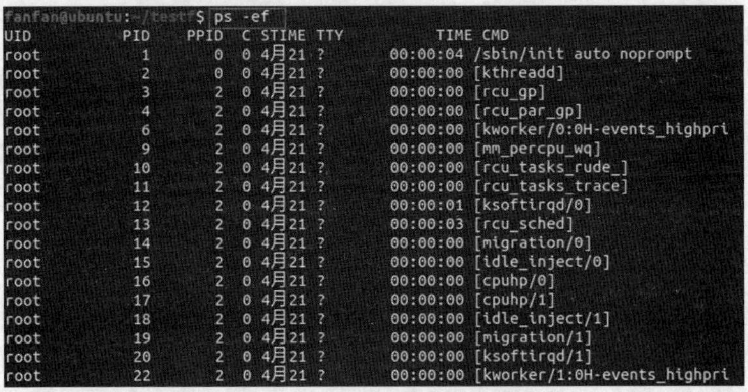

图 3.141 查看当前所有进程

（15）输入"env"查看环境变量，如图 3.142 所示。

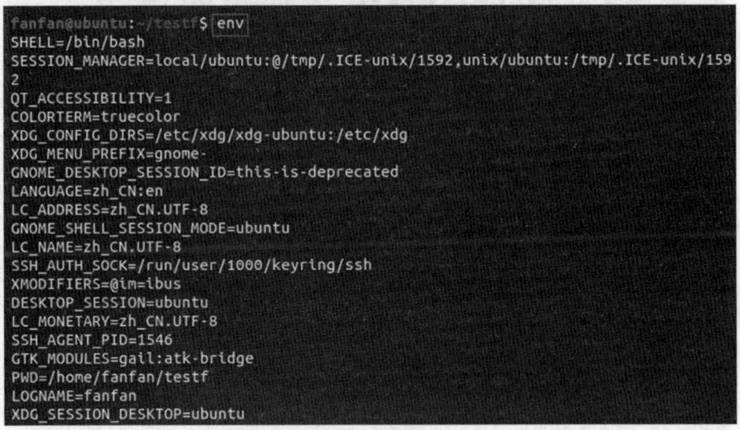

图 3.142 查看环境变量

（16）根据文件或者目录名进行搜索，格式为"find［指定目录］［指定条件］［指定动作］"。

①指定目录：要搜索的目录及其所有子目录。默认为当前目录。

②指定条件：所要搜索文件的特征。"-name"或者"-iname"表示搜索字符，"-name"区分大小写，"-iname"不区分大小写。通配符"＊"代表 0 至多个任意字符，"？"代表 1 个任意字符。

③指定动作：对搜索结果进行特定的处理。如"-ls"表示显示它们的详细信息，如图 3.143 所示；若什么参数也不加，"find"默认搜索当前目录及其子目录，且不过滤任何结果。

图 3.143 根据文件或目录名搜索

第4章

HarmonyOS 智能终端操作系统实践基础

4.1 HarmonyOS 操作系统概述

4.1.1 HarmonyOS 的起源和历史

鸿蒙系统(HarmonyOS)是一个分布式的操作系统,可以运行在家电、智能手表、手机等设备上,其倡导万物互联,只要搭载了鸿蒙系统的电子产品就可以做到"一键互联"。"鸿蒙"意为"万物起源",标志着国产操作系统的开端。2012 年,华为总裁任正非表示,华为做终端操作系统是出于战略的考虑,于是鸿蒙操作系统的概念首次出现在大众的视野之中。此时的鸿蒙顶多称之为一个"蓝图",是一个分布式操作系统的设想。2016 年 5 月,鸿蒙在华为公司软件部开始立项并投入研发。2017 年,分布式的内核已经完成,但是要开发一个分布式操作系统依然困难重重,于是华为内部高层开始就一个完整的分布式操作系统是否可行进行讨论。直到 2018 年,这个讨论才逐渐接近尾声,任正非于该年 5 月份正式决定要研发完整的分布式操作系统。

2019 年 8 月,这个完整版的分布式操作系统终于正式问世,对外发布其 1.0 版本,并取名为鸿蒙。鸿蒙诞生后,华为于 2020 年、2021 年分两次将鸿蒙系统 L0 ~ L2 层面的代码全部捐献给开放原子开源基金会,形成 OpenHarmony(意为"开源鸿蒙")项目。2020 年 9 月,华为发布了鸿蒙 2.0 版本,并宣布向手表、电视、车机等内存 128 KB ~ 128 MB 范围内的设备开源。2020 年 12 月底,鸿蒙推出手机开发者 beta 版本。2021 年 4 月,鸿蒙向内存 128 MB ~ 4 GB 范围内的设备开源。2021 年 6 月,支持手机的鸿蒙 2.0 发布。2021 年 10 月,鸿蒙 3.0 开发者预览版发布,同时向内存 4 GB 以上的设备开源。

4.1.2 HarmonyOS 的特点

1. 硬件互助、资源共享

多种设备之间能够实现硬件互助、资源共享需要依赖 4 大技术:分布式软总线、分布式设备虚拟化、分布式数据库管理以及分布式任务调度。

（1）分布式软总线。

分布式软总线是手机、平板、智慧屏等分布式设备的通信基座，为设备之间的互联互通提供了统一的分布式通信能力，为设备之间的无感发现和零等待传输创造了条件。开发者只需聚焦于业务逻辑的实现，无须关注组网方式与底层协议。

可以说分布式软总线是所有开发和应用的基础，华为通过分布式软总线解决了几个核心问题：快速链接（自动搜索链接，降低人工干预）、异构网络组网（融合 Wi-Fi、蓝牙）和软总线之间的传输（数据、任务）。

HarmonyOS 总线中枢解决连接异构组网问题，任务和数据总线解决传输问题。HarmonyOS 官方分布式软总线架构如图 4.1 所示。

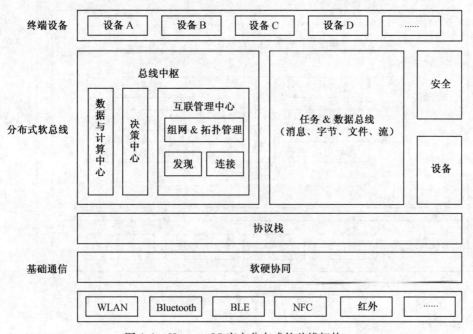

图 4.1　HarmonyOS 官方分布式软总线架构

（2）分布式设备虚拟化。

分布式设备虚拟化平台可以实现不同设备的资源融合、设备管理及数据处理，使多种设备共同形成一个超级虚拟终端。平台针对不同类型的任务，为用户匹配并选择能力合适的执行硬件，让业务连续地在不同设备间流转，充分发挥不同设备的资源优势，如显示能力、摄像能力、音频播放能力、交互能力以及感应能力等。

（3）分布式数据库管理。

分布式数据库管理基于分布式软总线的能力，实现应用程序数据和用户数据的分布式管理。用户数据不再与单一物理设备绑定，业务逻辑与数据存储分离，跨设备的数据处理如同本地数据处理一样方便快捷，让开发者能够轻松实现全场景、多设备下的数据存储、共享和访问，为打造一致、流畅的用户体验创造了基础条件。

（4）分布式任务调度。

分布式任务调度基于分布式软总线、分布式数据库管理、分布式 Profile 等技术特性，构建统一的分布式服务管理机制,支持对跨设备的应用进行远程启动、远程调用、远程连接和迁移等操作,能够根据不同设备的能力、位置、业务运行状态、资源使用情况,以及用户的习惯和意图,选择合适的设备运行分布式任务。

2. 一次开发、多终端部署

HarmonyOS 提供了用户程序框架、Ability 框架以及 UI 框架,这些框架支持应用开发过程中业务逻辑、页面逻辑的复用,真正做到一次开发、多终端部署,其结构如图 4.2 所示。

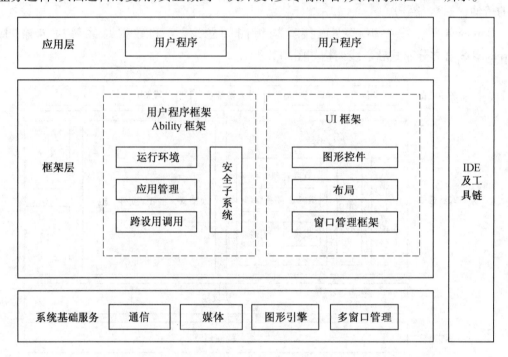

图 4.2　一次开发、多终端部署结构示意图

3. 统一 OS、弹性部署

HarmonyOS 通过组件化和小型化等设计方法,支持多种终端设备按需弹性部署,能够满足不同类别的硬件资源和功能需求;支撑通过编译链关系自动生成组件化的依赖关系,形成组件树依赖图,支持产品系统的便捷开发,降低硬件设备的开发门槛。

(1)支持各组件的选择。根据硬件的形态和需求,可以选择所需的组件。

(2)支持组件内功能集的配置。根据硬件的资源情况和功能需求,可以选择配置组件中的功能集。

(3)支持组件间的依赖关联。根据编译链关系,可以自动生成组件化的依赖关系。

4.1.3　HarmonyOS 的技术架构

HarmonyOS 遵从分层设计,从上至下依次为应用层、应用框架层、系统服务层和内核层。系统功能按照"系统>子系统>功能/模块"逐级展开,在多设备部署场景下,支持根据实际需求裁剪某些非必要的子系统或功能/模块。HarmonyOS 技术架构如图 4.3 所示。

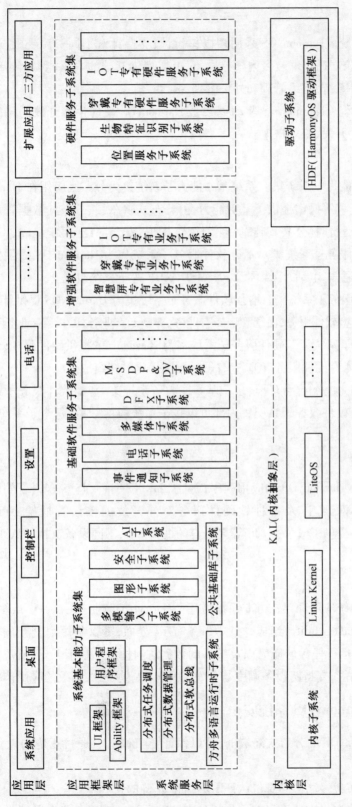

图 4.3　HarmonyOS 技术架构图

1. 内核层

（1）内核子系统。HarmonyOS 采用多内核设计，支持针对不同资源受限设备选用适合的 OS 内核。内核抽象层通过屏蔽多内核差异，对上层提供基础的内核能力，包括进程或线程管理、内存管理、文件系统、网络管理和外设管理等。

（2）驱动子系统。HarmonyOS 驱动框架是 HarmonyOS 硬件生态开放的基础，提供统一外设访问能力和驱动开发、管理框架。

2. 系统服务层

（1）系统基本能力子系统集。系统基本能力子系统集为分布式应用在 HarmonyOS 多设备上的运行、调度、迁移等操作提供了基础能力，由分布式软总线、分布式数据管理、分布式任务调度、方舟多语言运行时、公共基础库、多模输入、图形、安全、AI 子系统组成。

（2）基础软件服务子系统集。基础软件服务子系统集为 HarmonyOS 提供公共的、通用的软件服务，由事件通知、电话、多媒体、DFX、MSDP&DV 等子系统组成。

（3）增强软件服务子系统集。增强软件服务子系统集为 HarmonyOS 提供针对不同设备的、差异化的能力增强型软件服务，由智慧屏专有业务、穿戴专有业务、IOT 专有业务等子系统组成。

（4）硬件服务子系统集。硬件服务子系统集为 HarmonyOS 提供硬件服务，由位置服务、生物特征识别、穿戴专有硬件服务、IOT 专有硬件服务等子系统组成。

根据不同设备形态的部署环境，系统基本能力子系统集、基础软件服务子系统集、增强软件服务子系统集及硬件服务子系统集内部可以按子系统粒度裁剪，每个子系统内部又可以按功能粒度裁剪。

3. 应用框架层

应用框架层为 HarmonyOS 的应用程序提供了 Java/C/C++/JS 等多语言的用户程序框架、UI 框架和 Ability 框架，以及各种软硬件服务对外开放的多语言框架 API；同时为采用 HarmonyOS 的设备提供了 C/C++/JS 等多语言的框架 API，不同设备支持的 API 与系统的组件化裁剪程度相关。

4. 应用层

应用层包括系统应用和第三方非系统应用。HarmonyOS 的应用由一个或多个 FA（Feature Ability）或 PA（Particle Ability）组成。其中，FA 有 UI 界面，提供与用户交互的能力；而 PA 无 UI 界面，提供后台运行任务的能力以及统一的数据访问抽象。基于 FA/PA 开发的应用，能够实现特定的业务功能，支持跨设备调度与分发，为用户提供一致、高效的应用体验。

4.1.4　HarmonyOS 系统安全

在搭载 HarmonyOS 的分布式终端上，可以保证"正确的人，通过正确的设备，正确地使用数据"：

（1）通过"分布式多端协同身份认证"来保证"正确的人"。

（2）通过"在分布式终端上构筑可信运行环境"来保证"正确的设备"。

（3）通过"分布式数据在跨终端流动的过程中，对数据进行分类、分级管理"来保证"正确地使用数据"。

1. 正确的人

在分布式终端场景下，"正确的人"指通过身份认证的数据访问者和业务操作者。"正确的人"是确保用户数据不被非法访问、用户隐私不被泄露的前提条件。HarmonyOS 通过以下 3 个方面来实现协同身份认证：

（1）零信任模型。HarmonyOS 基于零信任模型，实现对用户的认证和对数据的访问控制。当用户需要跨设备访问数据资源或者发起高安全等级的业务操作（如对安防设备的操作）时，HarmonyOS 会对用户进行身份认证，确保其身份的可靠性。

（2）多因素融合认证。HarmonyOS 通过管理用户身份，将不同设备上标识同一用户的认证凭据关联起来，用于标识一个用户，来提高认证的准确度。

（3）协同互助认证。HarmonyOS 通过将硬件和认证能力解耦（即信息采集和认证可以在不同的设备上完成），来实现不同设备的资源池化以及能力的互助与共享，让高安全等级的设备协助低安全等级的设备完成用户身份认证。

2. 正确的设备

在分布式终端场景下，只有保证用户使用的设备是安全可靠的，才能保证用户数据在虚拟终端上得到有效保护，避免用户隐私泄露。

（1）安全启动。

HarmonyOS 确保源头的每个虚拟设备运行的系统固件和应用程序是完整的、未经篡改的。通过安全启动，各个设备厂商的镜像包就不易被非法替换为恶意程序，从而保护用户的数据和隐私安全。

（2）可信执行环境。

HarmonyOS 提供了基于硬件的可信执行环境（Trusted Execution Environment，简称 TEE）来保护用户的个人敏感数据，对其进行存储和处理，确保数据不泄露。由于分布式终端硬件的安全能力不同，对于用户的敏感个人数据，需要使用高安全等级的设备进行存储和处理。HarmonyOS 使用基于数学可证明的形式化开发和验证的 TEE 微内核，获得了商用 OS 内核 CC EAL5+的认证评级。

3. 正确地使用数据

在分布式终端场景下，需要确保用户能够正确地使用数据。HarmonyOS 围绕数据的生成、存储、使用、传输以及销毁过程进行全生命周期的保护，从而保证个人数据与隐私以及系统的机密数据（如密钥）不泄露。

（1）数据生成。HarmonyOS 根据数据所在的国家或组织的法律法规与标准规范，对数据进行分类、分级，并且根据分类设置相应的保护等级。每个保护等级的数据从生成开始，在其存储、使用、传输的整个生命周期都需要根据对应的安全策略提供不同强度的安全防护。虚拟超级终端的访问控制系统支持依据标签的访问控制策略，保证数据只能在可以提供足够安全防护的虚拟终端之间存储、使用和传输。

（2）数据存储。HarmonyOS 通过区分数据的安全等级将其存储到不同安全防护能力的分区，对数据进行安全保护，并提供给密钥全生命周期、跨设备无缝流动和跨设备密钥访问控制的能力，支持分布式身份认证协同、分布式数据共享等业务。

（3）数据使用。HarmonyOS 通过硬件为设备提供可信执行环境。用户的个人敏感数据仅在分布式虚拟终端的可信执行环境中进行使用，确保用户数据的安全和隐私的保密。

（4）数据传输。为了保证数据在虚拟超级终端之间安全流转，需要各设备正确可信，已建立信任关系（多个设备通过华为帐号建立配对关系），并能够在验证信任关系后建立安全的连接通道，按照数据流动的规则安全地传输数据。当设备之间进行通信时，需要基于设备的身份凭据对设备进行身份认证，并在此基础上建立安全的加密传输通道。

（5）数据销毁。销毁密钥即销毁数据。数据在虚拟终端的存储都建立在密钥的基础上。当销毁数据时，只需要销毁对应的密钥即可。

4.1.5　HarmonyOS 技术特性与未来发展

相比于 Android 和 IOS，HarmonyOS 的发展时间虽然短，但它的优势特性却很明显。以下是 HarmonyOS 的 4 大技术特性。

1. 分布式架构的首次应用

HarmonyOS 的"分布式 OS 架构"和"分布式软总线技术"基于公共通信平台、分布式数据管理、分布式能力调度和虚拟外设 4 大能力，将相应分布式应用的底层技术实现难度对应用开发者屏蔽，使开发者能够聚焦自身业务逻辑，像开发同一终端一样开发跨终端分布式应用，也使消费者享受到强大的跨终端业务协同能力为各使用场景带来的无缝体验。

2. 确定时延引擎和高性能 IPC 技术

HarmonyOS 通过使用确定时延引擎和高性能 IPC 两大技术解决现有系统性能不足的问题。确定时延引擎可在任务执行前分配系统中任务执行优先级，以及对时限进行调度处理，优先级高的任务资源将优先保障调度，应用响应时延降低 25.7%；鸿蒙微内核结构小巧的特性使 IPC（进程间通信）性能大大提高，进程通信效率较现有系统提升 5 倍。

3. 基于微内核架构

HarmonyOS 采用全新的微内核设计，具有安全性强和低时延等特点。微内核设计的基本思想是简化内核功能，在内核之外的用户态尽可能多地实现系统服务，同时加入相互之间的安全保护。微内核只提供最基础的服务，比如多进程调度和多进程通信等。

HarmonyOS 将微内核技术应用于可信执行环境（TEE），通过形式化方法，重塑可信安全。形式化方法是利用数学方法，从源头验证系统正确、无漏洞的有效手段。传统验证方法如功能验证、模拟攻击等只能在选择的有限场景进行验证，而形式化方法可通过数据模型验证所有软件运行路径。HarmonyOS 首次将形式化方法用于终端 TEE，显著提升安全等级。同时由于 HarmonyOS 微内核的代码量只有 Linux 宏内核的千分之一，其受攻击概率也大幅降低。

4. 跨终端生态共享

HarmonyOS 凭借多终端开发 IDE、多语言统一编译、分布式架构 Kit 提供屏幕布局控件以及交互的自动适配,支持控件拖拽和面向预览的可视化编程,从而使开发者可以基于同一工程高效构建多端自动运行 App,实现真正的一次开发、多端部署,在跨设备之间实现共享生态。华为方舟编译器是首个取代 Android 虚拟机模式的静态编译器,可供开发者在开发环境中一次性将高级语言编译为机器码。此外,方舟编译器未来将支持多语言统一编译,可大幅提高开发效率。

正是因为以上 4 大特性,使得 HarmonyOS 在手机终端系统市场更具竞争力,据华为官方提供的数据显示,截至 2021 年 5 月,HarmonyOS 生态已经发展了 1 000 多个智能硬件合作伙伴,50 多个模组和芯片解决方案合作伙伴,包括家居、出行、教育、办公、运动健康、政企、影音娱乐等多个领域的合作伙伴。截至 2022 年底,搭载 HarmonyOS 的华为设备超 3.2 亿,内置 HarmonyOS 的智联产品发货量超 2.5 亿。搭载 HarmonyOS 的设备数量累计已超过 5.7 亿。

4.2　HarmonyOS 操作系统实践

4.2.1　基础知识

在 HarmonyOS 操作系统中,应用软件包以 App Pack(Application Package)形式发布,它是由一个或多个 HAP(HarmonyOS Ability Package)以及描述每个 HAP 属性的 pack.info 组成。HAP 是 Ability 的部署包,HarmonyOS 应用代码围绕 Ability 组件展开。一个 HAP 是由代码、资源、第三方库及应用配置文件组成的模块包,可分为 Entry 和 Feature 两种模块类型,如图 4.4 所示。其中 Entry 为应用的主模块。一个 App 中,对于同一设备类型必须有且只有一个 Entry 类型的 HAP 可独立安装运行。Feature 为应用的动态特性模块,一个 App 可以包含一个或多个 Feature 类型的 HAP,也可以不含。只有包含 Ability 的 HAP 才能够独立运行。

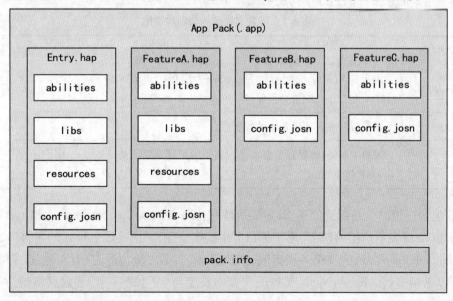

图 4.4　App 逻辑视图

Ability 是应用所具备的能力的抽象,一个应用可以包含一个或多个 Ability。Ability 分为两种类型:FA(Feature Ability)和 PA(Particle Ability)。FA/PA 是应用的基本组成单元,能够实现特定的业务功能。FA 有 UI 界面,而 PA 无 UI 界面。libs 目录的库文件是以应用依赖为第三方代码形式,为. so 文件。pack. info 描述应用软件包中每个 HAP 的属性,由 IDE 编译生成,应用市场根据该文件进行拆包和 HAP 的分类存储。HAP 的具体属性包括:

(1)delivery-with-install:用于标识该 HAP 是否需要在主动安装时进行安装。

(2)name:HAP 文件名。

(3)module-type:模块类型,为 Entry 或 Feature。

(4)device-type:用于标识支持该 HAP 运行的设备类型。

4.2.2　配置文件

配置文件(config. json)是应用的 Ability 信息,用于声明应用的 Ability,以及应用所需权限等信息,应用的每个 HAP 的根目录下都存在一个"config. json"配置文件,主要包含应用的全局配置信息(包含应用的包名、生产厂商、版本号等基本信息),应用在具体设备上的配置信息和 HAP 包的配置信息。HAP 包的配置信息包含每个 Ability 必须定义的基本属性(如包名、类名、类型以及 Ability 提供的能力),以及应用访问系统或其他应用受保护部分所需的权限等。

配置文件"config. json"采用 JSON 文件格式,由属性和值两部分构成,其中属性出现顺序不分先后,且每个属性最多只允许出现一次。每个属性的值为 JSON 的基本数据类型(数值、字符串、布尔值、数组、对象或者 null 类型)。如果属性值需要引用资源文件,则需要符合资源文件的引用格式。

应用的配置文件"config. json"的内部结构由"App""deviceConfig"和"module"3 个部分组成,缺一不可。配置文件的内部结构说明见表 4.1。

表 4.1　配置文件的内部结构说明

属性名称	含义	数据类型	是否可缺省值
App	表示应用的全局配置信息。同一个应用的不同 HAP 包的"App"配置必须保持一致	对象	否
deviceConfig	表示应用在具体设备上的配置信息	对象	否
module	表示 HAP 包的配置信息。该标签下的配置只对当前 HAP 包生效	对象	否

App 包含应用的全局配置信息,其主要属性有:bundleName、vendor、version 和 apiVersion。

bundleName 表示应用的包名,用于标识应用的唯一性,采用反域名形式的字符串表示(例如 com. huawei. himusic),建议第一级为域名后缀"com",第二级为厂商/个人名,第三级为应用名,也可以采用多级。bundleName 支持的字符串长度为 7 ~ 127 字节,其数据类型为字符串,不可缺省。

vendor 表示对应用开发厂商的描述,字符串长度不超过 255 字节;其数据类型为字符串,可缺省,缺省值为空。

version 表示应用的版本信息,其数据类型为对象,不可缺省,并有"code"和"name"两个子属性。其中,code 表示应用的版本号,仅用于 HarmonyOS 管理该应用,对用户不可见,取值为大于零的整数,其数据类型为数值,不可缺省;name 表示应用的版本号,用于向用户呈现,取值可以自定义,其数据类型为数值,不可缺省。

apiVersion 表示应用依赖的 HarmonyOS 的 API 版本,其数据类型为对象,不可缺省,并有"compatible"和"target"两个子属性。其中 compatible 表示应用运行需要的 API 最小版本,取值为大于零的整数,其数据类型为数值,不可缺省;target 表示应用运行需要的 API 目标版本,取值为大于零的整数,其数据类型为数值,可缺省,缺省值为应用所在设备的当前 API 版本。

deviceConfig 包含在具体设备上的应用配置信息包含 default、car、tv、wearable、liteWearable、smartVision 等属性,内部结构说明见表 4.2。default 标签内的配置于所有设备通用,其他设备类型如果有特殊的需求,则需要在该设备类型的标签下进行配置。

表 4.2　deviceConfig 对象的内部结构说明

属性名称	含义	数据类型	是否可缺省值
default	所有设备通用的应用配置信息	对象	否
car	车机特有的应用配置信息	对象	否
tv	智慧屏特有的应用配置信息	对象	可缺省,缺省值为空
wearable	智能穿戴特有的应用配置信息	对象	可缺省,缺省值为空
liteWearable	轻量级智能穿戴特有的应用配置信息	对象	可缺省,缺省值为空
smartVision	智能摄像头特有的应用配置信息	对象	可缺省,缺省值为空

module 对象包含 HAP 包的配置信息,其主要属性有 package、name、description、supportedModes、deviceType、distro、abilities、js、shortcuts、defPermissions 和 reqPermissions,各属性介绍如下:

package 表示 HAP 的包结构名称,在应用内应保证唯一性,采用反向域名格式(建议与 HAP 的工程目录保持一致),字符串长度不超过 127 字节。该标签仅适用于智慧屏、智能穿戴和车机,其数据类型为字符串,不可缺省。

name 表示 HAP 的类名,采用反向域名格式,前缀需要与同级的 package 标签指定的包名一致,也可采用"."开头的命名方式,字符串长度不超过 255 字节。该标签仅适用于智慧屏、智能穿戴、车机。其数据类型为字符串,不可缺省。

description 表示 HAP 的描述信息,字符串长度不超过 255 字节。如果字符串超出长度或者需要支持多语言,可以采用资源索引的方式添加描述内容,该标签仅适用于智慧屏、智能穿戴、车机,其数据类型为字符串,可缺省,缺省值为空。

supportedModes 表示应用支持的运行模式,当前只定义了驾驶模式(drive),该标签仅适用于车机。其数据类型为字符串数组,可缺省,缺省值为空。

deviceType 表示允许 Ability 运行的设备类型,系统预定义的设备类型包括 tv(智慧屏)、car(车机)、wearable(智能穿戴)和 liteWearable(轻量级智能穿戴)等,其数据类型为字符串数组,不可缺省。

distro 表示对 HAP 发布的具体描述,该标签仅适用于智慧屏、智能穿戴和车机,其数据类型为对象,不可缺省。

abilities 表示当前模块内的所有 Ability,其采用对象数组格式,每个元素表示一个 Ability 对象,其数据类型为对象数组,可缺省,缺省值为空。

js 表示基于 JS UI 框架开发的 js 模块集合,其中的每个元素代表一个 js 模块的信息,其数据类型为对象,可缺省,缺省值为空。

shortcuts 表示应用的快捷方式信息,采用对象数组格式,其中的每个元素表示一个快捷方式对象,其数据类型为对象数组,可缺省,缺省值为空。

defPermissions 表示应用定义的权限,应用调用者必须申请这些权限,才能正常调用该应用。其数据类型为对象数组,可缺省,缺省值为空。

reqPermissions 表示应用运行时向系统申请的权限,其数据类型为对象数组,可缺省,缺省值为空。

4.2.3　资源文件

App 的资源文件(字符串、图片、音频等)统一存放于 resources 目录下,便于开发者使用和维护。resources 目录包括两大类目录,一类包括 base 目录与限定词目录,另一类为 rawfile 目录。

其中,base 目录与限定词目录按照两级目录形式来组织,目录命名必须符合规范,以便根据设备状态去匹配相应目录下的资源文件。一级子目录为 base 目录和限定词目录,base 目录是默认存在的目录,当应用的 resources 资源目录中没有与设备状态匹配的限定词目录时,会自动引用该目录中的资源文件。限定词目录需要开发者自行创建,目录名称由一个或多个表征应用场景或设备特征的限定词组合而成,包括语言、文字、国家或地区、横竖屏、设备类型和屏幕密度等 6 个维度,限定词之间通过下划线(_)或者中划线(-)连接。开发者在创建限定词目录时,需要掌握限定词目录的命名要求以及与限定词目录、设备状态的匹配规则。二级子目录为资源目录,用于存放字符串、颜色、布尔值等基础元素,以及媒体、动画、布局等特定类型的资源文件(包括 element、media、animation、layout、graphic 和 profile)。

目录中的资源文件会被编译成二进制文件,并被赋予资源文件 ID。资源文件 ID 的信息中包含文件类型(type)和资源名称(name)。若是 Java 文件,则采用 ResourceTable. type_name;若是系统资源文件,则采用 ohos. global. systemres. ResourceTable. type_name;若是 XML 文件,则采用 $ type:name。

rawfile 目录支持创建多层子目录,目录名称可以自定义,文件夹内可以自由放置各类资源文件,目录中的文件不会根据设备状态去匹配不同的资源。目录中的资源文件会被直接打包进应用,不经过编译,也不会被赋予资源文件 ID,通过指定文件路径和文件名进行引用,例如"resources/rawfile/example. js"。

4.2.4 数据管理

HarmonyOS 应用数据管理支撑单设备的各种结构化数据的持久化,以及跨设备之间数据的同步、共享以及搜索功能。开发者通过应用数据管理,能够方便地完成应用程序数据在不同终端设备间的无缝衔接,满足用户跨设备使用数据的一致性体验。

1. 本地应用数据管理

本地应用数据管理提供单设备上结构化数据的存储和访问能力。HarmonyOS 使用 SQLite 作为持久化存储引擎,提供了几种类型的本地数据库,分别是关系型数据库(Relational Database)和对象映射关系型数据库(Object Relational MApping Database)。此外,还提供一种轻量级偏好数据库(Light Weight Preference Database),用以满足开发人员使用不同数据模型对应用数据进行持久化访问的需求。

2. 分布式数据服务

分布式数据服务支持用户数据跨设备相互同步,为用户提供在多种终端设备访问数据的一致性体验。通过调用分布式数据接口,应用可以将数据保存到分布式数据库中。通过结合帐号、应用唯一标识和数据库三元组,分布式数据库可对属于不同应用的数据进行隔离。

3. 分布式文件服务

分布式文件服务在多个终端设备间为单个设备上应用程序创建的文件提供多终端的分布式共享能力。每台设备上都存储一份全量的文件元数据,应用程序通过文件元数据中的路径,可以实现同一应用文件的跨设备访问。

4. 数据搜索服务

数据搜索服务在单个设备上,为应用程序提供搜索引擎级的全文索引管理、建立索引和搜索功能。

5. 数据存储管理

数据存储管理为应用开发者提供系统存储路径、存储设备列表,存储设备属性的查询和管理功能。

4.2.5 权限管理

应用权限管理的整个流程由接口提供方(Ability)、接口使用方(应用)、系统(包括云侧和端侧)以及用户等多方共同参与,保证受限接口在约定好的规则下被正常使用,避免接口被滥用而导致用户、应用和设备受损。

HarmonyOS 中所有的应用均在应用沙盒内运行。默认情况下,应用只能访问有限的系统资源,系统负责管理应用对资源的访问权限。

1. 权限声明

(1)应用需要在"config. json"中使用"reqPermissions"属性,对需要的权限逐个进行声明。

(2)若使用到的三方库也涉及权限使用,也需统一在应用的"config. json"中逐个声明。

（3）没有在"config. json"中声明的权限，应用就无法获得此权限的授权。

2. 动态申请敏感权限

基于用户可知可控的原则，动态申请敏感权限需要应用在运行时主动调用系统动态申请权限的接口，由用户授权系统弹窗并结合应用运行场景的上下文，识别出应用申请相应敏感权限的合理性，从而做出正确的选择。

即使用户向应用授予了请求的权限，应用在调用受此权限管控的接口前，也应该先检查自身有无此权限，而不能把之前授予的状态持久化，因为用户在动态授予后还可以通过设置取消应用的权限。

3. 自定义权限

HarmonyOS 为了保证应用对外提供的接口不被恶意调用，需要对调用接口的调用者进行鉴权。

大多情况下，系统已定义的权限满足了应用的基本需要，若有特殊的访问控制需要，应用可在"config. json"中以"defPermissions"：[ ] 属性来定义新的权限，并通过"availableScope"和"grantMode"两个属性分别确定权限的开放范围和授权方式，使得权限定义更加灵活且易于理解。

为了避免应用自定义新权限时出现重名的情况，建议应用对新权限的命名以包名的前两个字段开头，这样可以防止不同开发者的应用间出现自定义权限重名的情况。

4. 极限保护方法

（1）保护 Ability。通过在"config. json"里对应的 Ability 中配置"permissions"（权限名）属性，即可实现保护整个 Ability 的目的，无指定权限的应用不能访问此 Ability。

（2）保护 API。若 Ability 对外提供的数据或能力有多种，且开放范围或保护级别也不同，可以针对不同的数据或能力在接口代码实现中通过 verifyPermission(String permissionName, int pid, int uid) 来对 uid 标识的调用者进行鉴权。

5. 权限使用原则

（1）权限申请最小化。不要申请与用户提供的功能无关的权限，尽量采用其他无需权限的操作来实现相应功能（如通过 intent 拉起系统 UI 界面，由用户交互、应用自己生成 uuid 代替设备 ID 等）。

（2）权限申请完整。应用所需权限（包括应用调用到的三方库依赖的权限）都要逐个在应用的"config. json"中按格式声明。

（3）满足用户可知权。应用申请敏感权限的目的需要真实准确告知用户。

（4）权限就近申请。应用在用户触发相关业务功能时，就近提示用户授予实现此功能所需的权限。

（5）权限不扩散。在用户未授权的情况下，不允许将权限提供给其他应用使用。

（6）应用自定义权限防止重名。建议以包名为前缀来命名权限，防止与系统定义的权限重名。

4.2.6　隐私保护

随着移动终端及其相关业务(如移动支付、终端云等)的普及,用户隐私保护的重要性愈发突出。应用开发者在产品设计阶段就需要考虑保护用户的隐私,提高应用的安全性。

HarmonyOS 应用开发需要遵从其隐私保护规则,在 HarmonyOS 应用上架到应用市场时,应用市场会根据隐私保护规则进行校验,如不满足条件则无法上架。

1. 数据收集及使用公开透明

收集个人数据时,应清晰、明确地告知用户,并明确告知用户的个人信息将被如何使用。

(1)应用申请操作系统受限权限和敏感权限时,需要明确告知用户权限申请的目的和用途,并获取用户的同意,如图4.5 所示。

图4.5　敏感权限获取弹窗示例

(2)开发者应制定并遵从适当的隐私政策,在收集、使用、留存和与第三方分享用户数据时需要符合所有适用法律、政策和规定;必须充分告知用户处理个人数据的种类、目的、方式和保留期限等、满足数据主体的权利等要求。系统内根据以上原则设计的应用隐私通知/声明的示例如图4.6、图4.7 所示。

图4.6　应用隐私通知示例图

(3)个人数据应当基于具体、明确、合法的目的收集,不应以与此目的不相符的方式作进一步处理;对于收集目的的变更和用户撤销同意后再次使用的场景都需要用户重新同意。隐私声明变更示例图,隐私声明撤销同意示例图如图4.8、图4.9 所示。

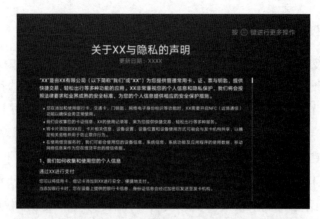

图 4.7　应用隐私声明示例图

图 4.8　隐私声明变更示例图

图 4.9　隐私声明撤销同意示例图

（4）应用的隐私声明应覆盖本应用收集的所有个人数据。

（5）有 UI 的 Ability 运行时需要在明显位置展示 Ability 的功能名称及开发者名称、logo。

（6）应用的隐私声明应在应用首次启动时通过弹窗等明显的方式展示给用户，并提供用户查看隐私声明的入口。

（7）调用第三方 Ability 时，需要明确调用方与被调用方履行的隐私责任，并在声明弹窗中告知数据主体相关隐私权责。

（8）调用第三方 Ability 时，如涉及个人数据的分享，调用方需在隐私声明中说明分享的数据类型和接收的数据类型。

2. 数据收集及使用最小化

收集的个人数据应与数据处理目的相关,且是适当、必要的。开发者应尽可能对个人数据进行匿名或化名,降低数据主体的风险,仅可收集和处理与特定目的相关且必需的个人数据,不能对数据做出与特定目的不相关的进一步处理。

(1)申请敏感权限时要满足权限最小化的要求,在进行权限申请时,只申请获取必需的信息或资源所需要的权限。

(2)应用针对数据的收集要满足最小化要求,不收集与应用提供服务无关联的数据。

(3)对数据进行使用的功能要求能够使用户受益,收集的数据不能用于其余无关的应用。

3. 数据处理选择和控制

对个人数据进行处理必须要征得用户的同意,用户对其个人数据要有充分的控制权。

(1)应用申请使用系统权限:申请系统权限时由应用弹窗提醒,向用户呈现应用需要获取的权限和权限使用目的、应用需要收集的数据和使用目的等,通过用户点击"确认"的方式完成用户授权,让用户对应用权限的授予和使用透明、可知、可控。

(2)用户可以修改、取消授予应用的权限:当用户不同意某一权限或数据收集时,用户应当被允许使用与这部分权限和数据收集不相关的功能。

(3)在进入应用的主界面之前不建议直接弹窗申请敏感权限,建议仅在用户使用功能时才请求对应的权限。

(4)系统对于用户的敏感数据和系统关键资源的获取设置了对应的权限,应用访问这些数据时需要申请对应的权限。

4. 数据安全

要从技术上保证数据处理活动的安全性,包括个人数据的加密存储、安全传输等安全机制,系统应默认开启或采取安全保护措施。

(1)数据存储。

①应用产生的密钥以及用户的敏感数据需要存储在应用的私有目录下,敏感数据定义可参考数据分类分级标准:《数据资源管理 第 3 部分:政务数据分类分级》(DB3301/T 0322.3—2020)和《政务数据安全分类分级指南》(DB2201/T 17—2022)。

②应用可以调用系统提供的本地数据库 RdbStore 的加密接口对敏感数据进行加密存储。

③应用产生的分布式数据,可以调用系统的分布式数据库对其进行存储,对于敏感数据需要采用分布式数据库提供的加密接口进行加密。

(2)安全传输。

为保证数据安全传输,需要分别针对本地传输和远程传输采取不同的安全保护措施。

①本地传输。

a. 应用通过 intent 跨应用传输数据时,为避免包含敏感数据,在 intent scheme url 协议使用过程中加入安全限制,防止 UXSS 等安全问题。

b. 应用内组件调用应采用安全方式,避免通过隐式方式进行调用,防止组件劫持。

c. 避免使用 socket 方式进行本地通信,如需使用,应随机生成 localhost 端口号,并对端口连接对象进行身份认证和鉴权。

d. 保证本地 IPC 通信安全。作为服务提供方,需要校验服务使用方的身份和访问权限,防止服务使用方进行身份仿冒或者权限绕过。

②远程传输。

a. 使用 https 代替 http 进行通信,并对 https 证书进行严格校验。

b. 避免进行远程端口通信,如需使用,需要对端口连接对象进行身份认证和鉴定。

c. 应用进行跨设备通信时,需要校验被访问设备和应用的身份信息,防止被访问方的设备和应用进行身份仿冒。

d. 应用进行跨设备通信时,作为服务提供方需要校验服务使用方的身份和权限,防止服务使用方进行身份仿冒或者权限绕过。

5. 本地化处理

应用开发的数据优先在本地进行处理,对于本地无法处理的数据,进行上传云服务时要满足最小化的原则,不能默认选择上传云服务。

6. 未成年人数据保护要求

如果应用是针对未成年人设计的,或者应用可通过收集的用户年龄数据识别出用户是未成年人,开发者应该结合目标市场国家的相关法律,专门分析未成年人个人数据保护的问题,且收集未成年人数据前需要征得监护人的同意。

第5章

操作系统编程级实践与分析

5.1 随机事件模拟

1. 实验目的

以银行业务处理为例,理解随机事件的发生、处理过程及处理的一般原则,为处理操作系统中的随机事件做准备。

2. 实验要求

要求给出模拟的直观效果。

3. 实验内容

模拟银行的业务处理过程。银行有 3 个窗口,每天 8:00 开门,12:00 关门,业务主要包括两种:存钱和取钱,每件业务的处理时间为 3 ~ 5 min。

4. 支撑理论基础

(1)进程的概念。

(2)进程的状态。

(3)进程状态之间的转换。

5. 实验思路

(1)如果程序开始运行时产生的随机时间在 8:00 ~ 12:00 之间,则运行该程序,否则提示银行已关门。

(2)程序开始运行时,随机产生当时银行存在的人数及 3 个窗口的排列情况,并按其先后顺序排序 1,2,3,…,n。

(3)随机产生每个窗口正在办理业务的情况,包括存钱、取钱和每个窗口正在办理业务所剩余的时间,并表示出来。

(4)程序运行中随机产生每个时刻进来的人数,并进行排列。

(5)假如第一个人处理完业务,则队列依次前移。

(6)假如到了 12:00,系统提示银行停止办理业务。

6. 算法演示

如果使用 C 语言进行设计,程序涉及的头文件主要有 stdlib. h、stdio. h、time. h;程序使用的主要函数有 srand( )、rand( )、time( )、sleep( )。

算法的代码示例如下。

```
/* * * * * * * * * * * * * * * * * * * * * * * * * * * * * * * * * * */
/*   ----银行客流模拟系统----   */
/*   ---- * * * * / * * / * *   */
/* * * * * * * * * * * * * * * * * * * * * * * * * * * * * * * * * * */
#include "math. h"
#include "stdio. h"
#include "dos. h"
#include "time. h"
#include "stdlib. h"
#include "conio. h"
main( ) {
    int i,j,l,m,n,p,q,r,u,v;
    int aa,bb,cc;
    int za,zb,zc;
    int numa,numb,numc;
    int a[80],b[80],c[80];
    int x[80];
    int k=1;
    int mini,tim;
    time_t t;
    srand((unsigned) time(&t));
    l=0;
    m=0;
    n=0;
    p=0;
    q=0;
    r=0;
    u=0;
    v=0;
    numa=0;
    numb=0;
    numc=0;
    aa=0;
    bb=0;
    cc=0;
```

```
/*    time start    */
mini = rand( ) %60;
tim = rand( ) %24;
if( tim> = 8&&tim<12) {
    while(1) {
        clrscr( );
        window(1,1,80,25);
        textbackground(1);
        textcolor(YELLOW);
        clrscr( );
        printf("* * * * * * * * * * * * * * * * * * * * * * * * * * * * * * * * *");
printf("* * * *----银行窗口模拟系统---- * * * *");
printf("* * * * * * * *制作人: * * * * * * * * *");
printf("* * * * * * * * * * * * * * * * * * * * * * * * * * * * * * * * *");
if( mini = = 60) {
    tim++;
    if( tim = = 12) {
        printf("\n\n\n\n\n   现在时间 12:00 \n");
        printf("\n   银行已经停止营业! \n");
        sleep(2);
        printf("\n   正在注销系统…\n");
        sleep(2);
        printf("\n   正在关闭系统…\n");
printf("\n\n\n\n\n\n\n * * * * * * * * * * * * * * * * * * * * * * * * * * * * * * *");
        sleep(4);
        break;
    }
    mini = 0;
}
printf("* * * *");
if( tim<10)   printf("0");
printf("% d:",tim);
if( mini<10)  printf("0");
printf("% d 营业时间:8:00-12:00 * * * * * * * * * * * * * * * * * * * * * *",mini);
mini++;
/*    time over    */
p = rand( ) %2;
/*    main start    */
if( p = = 0)
```

```
              q=0; else
              q=rand( )%3+1;
          for (i=0;i<q;i++) {
              x[i]=k;
              k++;
          }
          for (i=0;i<q;i++)
              if( numa<=numb&&numa<=numc) {
                  a[l]=x[i];
                  l++;
                  numa++;
              } else if( numb<=numa&&numb<=numc) {
                  b[m]=x[i];
                  m++;
                  numb++;
              } else {
                  c[n]=x[i];
                  n++;
                  numc++;
              }
          /*    printf A array    */
          printf("窗口 1:\n");
          printf("状态:");
          if( numa>0) {
              if(r= =0) {
                  r=rand( )%3+3;
                  za=rand( )%2;
              }
              if(za= =0)
                  printf("取款"); else
                  printf("存款");
              printf("剩余时间:");
              for (i=0;i<r;i++)
                  printf("!");
              printf("\n");
              r--;
              for (i=aa;i<l;i++)
                  printf("%4d",a[i]);
              if( numa<20)
```

```
        printf("\n");
    if(r==0){
        numa--;
        aa++;
    }
    printf("\n");
} else {
    r=0;
    printf("空闲");
    printf("\n\n\n");
}
printf("------------------------------------------------------------------");
/*   printf B array   */
printf("窗口 2:\n");
printf("状态:");
if(numb>0){
    if(u==0){
        u=rand()%3+3;
        zb=rand()%2;
    }
    if(zb==0)
        printf("取款"); else
        printf("存款");
    printf("剩余时间:");
    for (i=0;i<u;i++)
        printf("!");
    printf("\n");
    u--;
    for (i=bb;i<m;i++)
        printf("%4d",b[i]);
    if(numb<20)
        printf("\n");
    if(u==0){
        numb--;
        bb++;
    }
    printf("\n");
} else {
    u=0;
```

```
        printf("空闲");
        printf("\n\n\n");
    }
    printf("-------------------------------------------------------------");
    /*    printf C array    */
    printf("窗口3:\n");
    printf("状态:");
    if(numc>0) {
        if(v==0) {
            v=rand()%3+3;
            zc=rand()%2;
        }
        if(zc==0)
            printf("取款"); else
            printf("存款");
        printf("剩余时间:");
        for (i=0;i<v;i++)
            printf("!");
        printf("\n");
        v--;
        for (i=cc;i<n;i++)
            printf("%4d",c[i]);
        if(numc<20)
            printf("\n");
        if(v==0) {
            numc--;
            cc++;
        }
        printf("\n");
    } else {
        v=0;
        printf("空闲");
        printf("\n\n\n");
    }
    printf("* * * * * * * * * * * * * * * * * * * * * * * * * * * * * * * *");
    printf("本分钟有%d位顾客进入银行!",q);
    printf("\n");
    if(tim==11&&mini>51) {
        i=61-mini;
```

```
    printf("银行将在%d分钟后停止营业! \n",i);
  } else
    printf("\n");
  printf("* * * * * * * * * * * * * * * * * * * * * * * * * * * * * * * *");
    /* main over */
    sleep(2);
  }
} else {
  clrscr();
  window(1,1,80,25);
  textbackground(1);
  textcolor(YELLOW);
printf("* * * * * * * * * * * * * * * * * * * * * * * * * * * * * * * *");
printf("* * * *----银行窗口模拟系统---- * * * *");
printf("* * * * * * * *制作人: * * * * * * * *");
    printf("* * * * * * * * * * * * * * * * * * * * * * * * * * * * * * * *");
  printf("\n\n\n\n\n\n");
printf("现在时间");
if(tim<10)
  printf("0");
printf("%d:",tim);
if(mini<10)
  printf("0");
printf("%d",mini);
printf("\n\n银行尚未营业!");
printf("\n\n\n\n\n\n\n\n\n\n* * * * * * * * * * * * * * * * * * * * * * * * * *");
    sleep(3);
    clrscr();
  }
}
```

7. 实验目标

（1）阐述实验目的和实验内容。

（2）提交模块化的实验程序源代码。

（3）简述程序的测试过程，提交实录的输入、输出界面。

（4）鼓励对实验内容展开讨论，鼓励提交思考与练习题的代码和测试结果。

8. 思考与练习

如何随机生成业务类型和处理时间长短？

5.2　进程管理模拟

1. 实验目的

（1）理解进程的概念，明确进程和程序的区别。

（2）理解并发执行的实质。

（3）掌握进程的创建、睡眠、撤销等控制方法。

2. 实验要求

（1）认真阅读实验指导书，设计进程管理涉及的相应算法。

（2）根据设计的算法写出程序。

（3）在运行环境中测试程序，并保证顺利执行。

3. 实验内容

用高级语言编写程序，模拟实现以下功能：创建新的进程；查看运行进程；唤出某个进程；杀死运行进程等。

4. 实验准备

（1）进程的概念。

（2）进程的状态。

（3）进程状态之间的转换。

（4）进程控制块。

（5）进程的创建与撤销。

（6）进程的阻塞与唤醒。

5. 算法演示

算法的代码示例如下：

```c
#include <stdio. h>
#include <stdlib. h>
#include <string. h>
struct jincheng_type {
    int pid;
    int youxian;
    int daxiao;
    int zhuangtai;
    //标志进程状态,0 为不在内存,1 为在内存,2 为挂起
    char info[10];
}
;
```

```
struct jincheng_type neicun[20];
int shumu=0,guaqi=0,pid,flag=0;
void create() {
    if(shumu>=20) printf("\n 内存已满,请先唤出或杀死进程\n"); else {
        for (int i=0;i<20;i++)
        //定位,找到可以还未创建的进程
        if(neicun[i].zhuangtai==0) break;
        printf("\n 请输入新进程 pid\n");
        scanf("%d",&(neicun[i].pid));
        for (int j=0;j<i;j++)
        if(neicun[i].pid==neicun[j].pid) {
            printf("\n 该进程已存在\n");
            return;
        }
        printf("\n 请输入新进程优先级\n");
        scanf("%d",&(neicun[i].youxian));
        printf("\n 请输入新进程大小\n");
        scanf("%d",&(neicun[i].daxiao));
        printf("\n 请输入新进程内容\n");
        scanf("%s",&(neicun[i].info));
        //创建进程,使标记位为 1
        neicun[i].zhuangtai=1;
        shumu++;
    }
}
void run() {
    for (int i=0;i<20;i++) {
        if(neicun[i].zhuangtai==1) {
            //输出运行进程的各个属性值
            printf("\n pid= %d",neicun[i].pid);
            printf("youxian= %d",neicun[i].youxian);
            printf("daxiao= %d",neicun[i].daxiao);
            printf("zhuangtai= %d",neicun[i].zhuangtai);
            printf("info= %s",neicun[i].info);
            flag=1;
        }
    }
    if(! flag) printf("\n 当前没有运行进程\n");
}
```

```
    void huanchu( ) {
      if( ! shumu) {
            printf("当前没有运行进程\n");
            return;
      }
      printf("\n 输入唤出进程的 ID 值");
      scanf("% d",&pid);
      for ( int i=0;i<20;i++) {
        //定位,找到所要唤出的进程,根据其状态做相应处理
        if( pid= =neicun[i]. pid) {
          if( neicun[i]. zhuangtai= =1) {
            neicun[i]. zhuangtai=2;
            guaqi++;
            printf("\n 已经成功唤出进程\n");
          } else if( neicun[i]. zhuangtai= =0) printf("\n 要唤出的进程不存在\n"); else printf("\n 要唤
出的进程已被挂起\n");
            flag=1;
            break;
          }
        }
      //找不到,则说明进程不存在
      if( flag= =0) printf("\n 要唤出的进程不存在\n");
    }
    void kill( ) {
      if( ! shumu) {
        printf("当前没有运行进程\n");
        return;
      }
      printf("\n 输入杀死进程的 ID 值");
      scanf("% d",&pid);
      for ( int i=0;i<20;i++) {
        //定位,找到所要杀死的进程,根据其状态做相应处理
        if( pid= =neicun[i]. pid) {
          if( neicun[i]. zhuangtai= =1) {
          neicun[i]. zhuangtai=0;
          shumu--;
          printf("\n 已成功杀死进程\n");
          } else if( neicun[i]. zhuangtai= =0) printf("\n 要杀死的进程不存在\n"); else printf("\n 要杀死
的进程已被挂起\n");
```

```
            flag=1;
            break;
        }
    }
    //找不到,则说明进程不存在
    if(! flag) printf("\n 要杀死的进程不存在\n");
}
void huanxing( ) {
    if(! shumu) {
        printf("当前没有运行进程\n");
        return;
    }
    if(! guaqi) {
        printf("\n 当前没有挂起进程\n");
        return;
    }
    printf("\n 输入 pid:\n");
    scanf("% d",&pid);
    for (int i=0;i<20;i++) {
        //定位,找到所要杀死的进程,根据其状态做相应处理
        if(pid==neicun[i]. pid) {
            flag=false;
            if(neicun[i]. zhuangtai==2) {
                neicun[i]. zhuangtai=1;
                guaqi--;
                printf("\n 已经成功唤醒进程\n");
            } else if(neicun[i]. zhuangtai==0) printf("\n 要唤醒的进程不存在\n"); else printf("\n 要唤
醒的进程已被挂起\n");
            break;
        }
    }
    //找不到,则说明进程不存在
    if(flag) printf("\n 要唤醒的进程不存在\n");
}
void main( ) {
    int n=1;
    int num;
    //一开始所有进程都不在内存中
    for (int i=0;i<20;i++)
```

```
        neicun[i].zhuangtai=0;
        while(n) {
          printf("\n * * * * * * * * * * * * * * * * * * * * * * * * * * * * * * *");
          printf("\n * 进程演示系统 *");
          printf("\n * * * * * * * * * * * * * * * * * * * * * * * * * * * * * * *");
          printf("\n 1.创建新的进程 2.查看运行进程");
          printf("\n 3.唤出某个进程 4.杀死运行进程");
          printf("\n 5.唤醒某个进程 6.退出系统");
          printf("\n * * * * * * * * * * * * * * * * * * * * * * * * * * * * * * *");
          printf("\n 请选择(1~6)\n");
          scanf("% d",&num);
          switch(num) {
            case 1:create();
            break;
            case 2:run();
            break;
            case 3:huanchu();
            break;
            case 4:kill();
            break;
            case 5:huanxing();
            break;
            case 6:exit(0);
            default:n=0;
          }
          flag=0;
          //恢复标记
        }
      }
```

6. 实验报告要求

(1)阐述实验目的和实验内容。

(2)提交模块化的实验程序源代码。

(3)简述程序的测试过程,提交实录的输入、输出界面。

(4)鼓励对实验内容展开讨论,鼓励提交思考与练习题的代码和测试结果。

7. 思考与练习

假如进程状态考虑得更多更复杂,如何进行设计? 如果变成自动切换进程状态,又应该如何考虑?

5.3　进程调度模拟

1. 实验目的

(1) 理解有关进程控制模块、进程队列的概念。

(2) 掌握进程优先权调度算法和时间片轮转调度算法的处理逻辑。

2. 实验要求

(1) 认真阅读实验指导书，设计出进程调度中的优先权算法或时间片轮转算法。

(2) 根据设计的算法写出程序。

(3) 在运行环境中测试程序，并保证其顺利执行，得出正确结果。

3. 实验内容

(1) 设计进程控制块 PCB 表结构，分别适用于优先权和时间片轮转调度算法。

(2) 建立进程就绪队列；对两种不同算法编制子程序。

(3) 编制两种进程调度算法：优先权调度、时间片轮转调度。

4. 实验准备

(1) 优先权调度算法。

① 非抢占式优先权调度算法。

② 抢占式优先权调度算法。

(2) 时间片轮转调度算法。

5. 算法演示

(1) 本程序用两种算法对 5 个进程进行调度，每个进程可有 3 种状态，并假设初始状态为就绪状态。

(2) 为了便于处理，程序中的某进程运行时间以时间片为单位计算。各进程的优先数、轮转时间数或进程需运行的时间片数的初始值均由用户给定。

(3) 在优先数算法中，优先数可以先取值为 50，进程每执行一次，优先数减 3，CPU 时间片数加 1，进程还需要的时间片数减 1。在轮转算法中，采用固定时间片（即：每执行一次进程，该进程的执行时间片数为已执行了 2 个单位），这时，CPU 时间片数加 2，进程还需要的时间片数减 2，并且排列到就绪队列尾。

(4) 对于遇到优先数一致的情况，采用 FIFO（先进先出）策略解决。

算法的代码示例如下：

```
#include <stdio. h>
#include <dos. h>
#include <stdlib. h>
#include <conio. h>
#include <iostream. h>
```

```
#include <windows. h>
#define P_NUM 5
#define P_TIME 50
enum state {
  ready,
  execute,
  block,
  finish
}
;
//定义进程状态
struct pcb {
  char name[4];
  //进程名
  int priority;
  //优先权
  int cputime;
  //CPU 运行时间
  int needtime;
  //进程运行所需时间
  int count;
  //进程执行次数
  int round;
  //时间片轮转轮次
  state process;
  //进程状态
  pcb * next;
}
;
//定义进程 PCB
pcb * get_process() {
  pcb * q;
  pcb * t;
  pcb * p;
  int i=0;
  cout<<"input name and time"<<endl;
  while (i<P_NUM) {
    q=(struct pcb * )malloc(sizeof(pcb));
    cin>>q->name;
```

```
        cin>>q->needtime;
        q->cputime=0;
        q->priority=P_TIME-q->needtime;
        q->process=ready;
        q->next=NULL;
        if (i= =0) {
            p=q;
            t=q;
        } else {
            t->next=q;
            //创建就绪进程队列
            t=q;
        }
        i++;
    }
    return p;
}
//输入模拟测试的进程名和执行所需时间,初始设置可模拟 5 个进程的调度
void display(pcb * p) {
    cout<<"name"<<" "<<"cputime"<<" "<<"needtime"<<" "<<"priority"<<" "<<"state"<<endl;
    while(p) {
        cout<<p->name;
        cout<<" ";
        cout<<p->cputime;
        cout<<" ";
        cout<<p->needtime;
        cout<<" ";
        cout<<p->priority;
        cout<<" ";
        switch(p->process) {
            case ready:cout<<"ready"<<endl;
            break;
            case execute:cout<<"execute"<<endl;
            break;
            case block:cout<<"block"<<endl;
            break;
            case finish:cout<<"finish"<<endl;
            break;
        }
```

```
        p=p->next;
    }
}
//显示模拟结果,包含进程名、CPU 时间、运行所需时间以及优先级
int process_finish( pcb * q) {
    int bl=1;
    while( bl&&q) {
        bl=bl&&q->needtime==0;
        q=q->next;
    }
    return bl;
}
//结束进程,即将队列中各进程的所需时间设置为 0
void cpuexe( pcb * q) {
    pcb * t=q;
    int tp=0;
    while( q) {
        if ( q->process! =finish) {
            q->process=ready;
            if( q->needtime==0) {
                q->process=finish;
            }
        }
        if( tp<q->priority&&q->process! =finish) {
            tp=q->priority;
            t=q;
        }
        q=q->next;
    }
    if( t->needtime! =0) {
        t->priority-=3;
        t->needtime--;
        t->process=execute;
        t->cputime++;
    }
}
//选择某一进程,给它分配 CPU
//计算进程优先级
void priority_cal( ) {
```

```
    pcb *p;
    system("cls");
    //clrscr();
    p=get_process();
    int cpu=0;
    system("cls");
    //clrscr();
    while(! process_finish(p)) {
      cpu++;
      cout<<"cputime:"<<cpu<<endl;
      cpuexe(p);
      display(p);
      Sleep(2);
      //system("cls");
      //clrscr();
    }
    printf("All processes have finished,press any key to exit");
    getch();
}
void display_menu() {
    cout<<"CHOOSE THE ALGORITHM:"<<endl;
    cout<<"1 PRIORITY"<<endl;
    cout<<"2 ROUNDROBIN"<<endl;
    cout<<"3 EXIT"<<endl;
}
//显示调度算法菜单,可供用户选择优先权调度算法和时间片轮转调度算法
pcb *get_process_round() {
    pcb *q;
    pcb *t;
    pcb *p;
    int i=0;
    cout<<"input name and time"<<endl;
    while (i<P_NUM) {
      q=(struct pcb *)malloc(sizeof(pcb));
      cin>>q->name;
      cin>>q->needtime;
      q->cputime=0;
      q->round=0;
      q->count=0;
```

```
        q->process=ready;
        q->next=NULL;
        if (i==0) {
          p=q;
          t=q;
        } else {
          t->next=q;
          t=q;
        }
        i++;
      }
        return p;
    }
//时间片轮转调度算法创建就绪进程队列
void cpu_round(pcb  * q) {
    q->cputime+=2;
    q->needtime-=2;
    if( q->needtime<0) {
        q->needtime=0;
    }
    q->count++;
    q->round++;
    q->process=execute;
}
//采用时间片轮转调度算法执行某一进程
pcb  * get_next(pcb  * k,pcb  * head) {
    pcb  * t;
    t=k;
    do {
        t=t->next;
    }
    while (t && t->process==finish);
    if(t==NULL) {
        t=head;
        while (t->next!  =k && t->process==finish) {
            t=t->next;
        }
    }
    return t;
```

```
    }
    //获取下一个进程
    void set_state(pcb * p) {
      while(p) {
        if (p->needtime==0) {
          p->process=finish;
          //如果所需执行时间为0,则设置运行状态为结束
        }
        if (p->process==execute) {
          p->process=ready;
          //如果为执行状态,则设置为就绪
        }
        p=p->next;
      }
    }
    //设置队列中进程执行状态
    void display_round(pcb * p) {
      cout<<"NAME"<<" "<<"CPUTIME"<<" "<<"NEEDTIME"<<" "<<"COUNT"<<" "<<"ROUND"<<
" "<<"STATE"<<endl;
      while(p) {
        cout<<p->name;
        cout<<" ";
        cout<<p->cputime;
        cout<<" ";
        cout<<p->needtime;
        cout<<" ";
        cout<<p->count;
        cout<<" ";
        cout<<p->round;
        cout<<" ";
        switch(p->process) {
          case ready:cout<<"ready"<<endl;
          break;
          case execute:cout<<"execute"<<endl;
          break;
          case finish:cout<<"finish"<<endl;
          break;
        }
        p=p->next;
```

```
      }
    }
    //时间片轮转调度算法输出调度信息
    void round_cal( ) {
      pcb  * p;
      pcb  * r;
      system("cls");
      //clrscr( );
      p=get_process_round( );
      int cpu=0;
      system("cls");
      //clrscr( );
      r=p;
      while( ! process_finish(p) ) {
        cpu+=2;
        cpu_round(r);
        r=get_next(r,p);
        cout<<"cpu"<<cpu<<endl;
        display_round(p);
        set_state(p);
        Sleep(5);
        //system("cls");
        //clrscr( );
      }
    }
    //时间片轮转调度算法计算轮次及输出调度信息
    void main( ) {
      display_menu( );
      int k;
      scanf("%d",&k);
      switch(k) {
        case 1:priority_cal( );
        break;
        case 2:round_cal( );
        break;
        case 3:break;
        display_menu( );
        scanf("%d",&k);
      }
    }
```

5. 实验报告要求

（1）阐述实验目的和实验内容。

（2）提交模块化的实验程序源代码。

（3）简述程序的测试过程,提交实录的输入、输出界面。

（4）鼓励对实验内容展开讨论,鼓励提交思考与练习题的代码和测试结果。

6. 思考与练习

假如采用动态优先权,应该如何实现该调度算法? 其他的调度算法,比如短作业优先和先来先服务调度算法如何实现?

5.4　进程同步机制模拟

1. 实验目的

以生产者–消费者问题为例,理解进程同步机制。

2. 实验要求

（1）认真阅读实验指导书,模拟一个生产者和一个消费者共享一个缓冲区的情形;也可以模拟多个生产者和多个消费者共享多个缓冲区的情形。

（2）根据设计的算法写出程序。

（3）在运行环境中测试程序,并保证其顺利执行,得出正确结果。

3. 实验内容

生产者–消费者问题是最著名的进程同步问题。它描述一组生产者向一组消费者提供产品,它们共享一个有界缓冲区,生产者向其中投放产品,消费者从中取得产品。同时,每个进程都互斥地占用 CPU。

假定生产者和消费者是互相等效的,只要缓冲区未满,生产者就可以把产品送入缓冲区,类似地,只要缓冲区未空,消费者便可以从缓冲区中取走产品并消费它。生产者–消费者的同步关系将禁止生产者向已满的缓冲区中放入产品,也禁止消费者从空的缓冲区中获取产品。

4. 实验准备

（1）进程同步机制。

（2）生产者–消费者问题。

5. 实验思路

（1）随机产生每个生产者生产一个产品的时间和每个消费者消费一个产品的时间,并体现出来。

（2）随着时间的推移,体现生产者生产一个产品的过程和消费者消费一个产品的过程,并统计出生产产品的总数与消费产品的总数。

（3）限制缓冲区的容量,比如只能容纳 n 个产品。当缓冲区已满时,要能够体现出生产者处于等待的情形;当缓冲区为空时,要能够体现出消费者处于等待的情形。

（4）当存在多个生产者或消费者进程时,随机产生占用某个 CPU 时间片的进程。

6. 算法演示

如果使用 C 语言进行设计,程序涉及的头文件主要有 conio. h、stdio. h、time. h;程序使用的主要函数有 srand( )、rand( )、time( )、sleep( )。

以下是用 C 语言开发的代码示例:

```c
/ * * * * * * * * * * * * * * * * * * * * * * * * * * * * * * * * * * * * * /
/ * 生产者与消费者 * /
/ * * * * * * * * * * * * * * * * * * * * * * * * * * * * * * * * * * * * /
#define count 10
#define lie 14
#include "time. h"
#include "stdio. h"
#include "conio. h"
int k;
int a[count];
int hour,mini;
int s;
int pdone;
int b[180];
int r=0;
int ptim1=0,pttim1=0;
int ptim2=0,pttim2=0;
int pover1=1,pover2=1;
int p;
int vtim1=0,vttim1=0;
int vtim2=0,vttim2=0;
int vover1=1,vover2=1;
int q=0;
int p1_ok=0,v1_ok=0;
int p2_ok=0,v2_ok=0;
void tim() {
    window(lie,3,lie+8,3);
    textbackground(5);
    clrscr();
    printf("0% d:",hour);
    if(mini<10)
        printf("0");
    printf("% d\n",mini);
```

```
  if( mini = = 0) {
    hour--;
    mini = 60;
  }
  mini--;
}
void num0_1( ) {
  int i;
  i = rand( ) % 10;
  if( a[ i] = = 1)
    num0_1( );
  a[ i] = 1;
}
void num1_0( ) {
    int i;
    i = rand( ) % 10;
    if( a[ i] = = 0)
      num1_0( );
    a[ i] = 0;
  }
void pshow( ptim, pttim, x)
int ptim, pttim, x; {
  window( lie, 2 * x+5, ptim+lie-1, 2 * x+5);
  textbackground( 7);
  clrscr( );
  window( lie, 2 * x+5, pttim+lie-1, 2 * x+5);
  if( pdone = = 1)
    textbackground( 7); else
    textbackground( 2);
  clrscr( );
  pdone = 0;
  printf( "% 3d/% d\n", pttim, ptim);
}
void sheng( pover, ptim, pttim, x)
int pover, ptim, pttim, x; {
  if( pover = = 1) {
    if( ptim = = pttim) {
      ptim = rand( ) % 4+5;
      pttim = 0;
```

```
        }
      pttim++;
    }
    if( pttim = = ptim)  {
      if( k !  = count)  {
        if( p = = count)  p = 0;
        / * a[ p] = 1; * /
        num0_1( );
        k++;
        p++;
        pover = 1;
        pdone = 1;
      } else
        pover = 0;
    }
    pshow( ptim, pttim, x) ;
    if( s = = 0)  {
      ptim1 = ptim;
      pttim1 = pttim;
      pover1 = pover;
    } else  {
      ptim2 = ptim;
      pttim2 = pttim;
      pover2 = pover;
    }
  }
  void vshow( vtim, vttim, x)
  int vtim, vttim, x;  {
    window( lie, 2 * x+5, vtim+lie−1, 2 * x+5) ;
    textbackground( 7) ;
    clrscr( ) ;
    if( vttim !  = 0)  {
      window( lie, 2 * x+5, lie+vttim−1, 2 * x+5) ;
      textbackground( 4) ;
      clrscr( ) ;
    }
    printf( "% 3d/% d \n", vttim, vtim) ;
  }
  void xiao( vover, vtim, vttim, x)
```

```
int vover,vtim,vttim,x; {
  if(vttim==0) {
    if(k! =0) {
      /* a[q]=0; */
      num1_0();
      q++;
      k--;
      if(q==count)
      q=0;
      vover=1;
    } else {
      vover=0;
      vshow(vtim,vttim,x);
    }
  }
  if(vover==1) {
    if(vttim==0) {
      vtim=rand()%4+5;
      vttim=vtim;
    }
    vttim--;
    vshow(vtim,vttim,x);
  }
  if(s==2) {
    vtim1=vtim;
    vttim1=vttim;
    vover1=vover;
  } else {
    vtim2=vtim;
    vttim2=vttim;
    vover2=vover;
  }
}
void memshow() {
  int i;
  for (i=0;i<count;i++) {
    window(lie+4*i,13,lie+4*i+1,13);
    if(a[i]==1)
      textbackground(2); else
```

```
            textbackground(4);
        clrscr();
    }
}
void cputime() {
    int i;
    int m,h;
    for (i=0;i<r;i++) {
        m=i/30;
        h=m*60;
        window(lie+2*i-h,15+m,lie+2*i+2-h,15+m);
        switch(b[i]) {
            case 0:{
                textbackground(2);
                clrscr();
                cprintf("P1");
                break;
            }
            case 1:{
                textbackground(2);
                clrscr();
                cprintf("P2");
                break;
            }
            case 2:{
                textbackground(4);
                clrscr();
                cprintf("C1");
                break;
            }
            case 3:{
                textbackground(4);
                clrscr();
                cprintf("C2");
                break;
            }
        }
    }
}
```

```
main( ) {
  int i;
  time_t t;
  srand( ( unsigned) time( &t) ) ;
  hour=3;
  mini=0;
  for (i=0;i<count;i++)
    a[i]=0;
  k=rand( )%(count+1) ;
  p=k;
  for (i=0;i<k;i++)
  /*a[i]=1;*/
  num0_1( ) ;
  while(1) {
    window(1,1,80,25) ;
    textbackground(1) ;
    clrscr( ) ;
    textcolor( YELLOW) ;
    clrscr( ) ;
    printf("\n\n Now-Time:\n\n") ;
    printf("Producer 1:\n\n") ;
    printf("Producer 2:\n\n") ;
    printf("Consumer 1:\n\n") ;
    printf("Consumer 2:\n\n") ;
    printf("Buffer:\n\n") ;
    printf("CPU-Time:\n\n") ;
    if(hour==0&&mini==0) {
      window(1,1,80,25) ;
      textbackground(1) ;
      clrscr( ) ;
      cprintf("\n\n\n\n\n\n\n\n\n\n\n\n  Press any key to exit!") ;
      getch( ) ;
      return;
    }
    tim( ) ;
    s=rand( )%4;
    b[r]=s;
    r++;
    switch(s) {
```

```
        case 0: {
          p1_ok = 1;
          sheng( pover1, ptim1, pttim1, 0);
          if( p2_ok == 1) {
            if( ptim2 == pttim2)
              pdone = 1;
            pshow( ptim2, pttim2, 1);
          }
          if( v1_ok == 1)
            vshow( vtim1, vttim1, 2);
          if( v2_ok == 1)
            vshow( vtim2, vttim2, 3);
          break;
        }
        case 1: {
          if( p1_ok == 1) {
            if( ptim1 == pttim1)
              pdone = 1;
            pshow( ptim1, pttim1, 0);
          }
          p2_ok = 1;
          sheng( pover2, ptim2, pttim2, 1);
          if( v1_ok == 1)
            vshow( vtim1, vttim1, 2);
          if( v2_ok == 1)
            vshow( vtim2, vttim2, 3);
          break;
        }
        case 2: {
          if( p1_ok == 1) {
            if( ptim1 == pttim1)
              pdone = 1;
            pshow( ptim1, pttim1, 0);
          }
          if( p2_ok == 1) {
            if( ptim2 == pttim2)
              pdone = 1;
            pshow( ptim2, pttim2, 1);
          }
```

```
        v1_ok = 1;
        xiao( vover1 , vtim1 , vttim1 , 2 );
        if( v2_ok = = 1 )
          vshow( vtim2 , vttim2 , 3 );
        break;
      }
    case 3 : {
      if( p1_ok = = 1 )  {
        if( ptim1 = = pttim1 )
          pdone = 1;
        pshow( ptim1 , pttim1 , 0 );
      }
      if( p2_ok = = 1 )  {
        if( ptim2 = = pttim2 )
          pdone = 1;
        pshow( ptim2 , pttim2 , 1 );
      }
      if( v1_ok = = 1 )
        vshow( vtim1 , vttim1 , 2 );
      v2_ok = 1;
      xiao( vover2 , vtim2 , vttim2 , 3 );
      break;
      }
    }
  memshow( );
  cputime( );
  sleep( 1 );
  }
}
```

7. 实验报告要求

(1) 阐述实验目的和实验内容。

(2) 提交模块化的实验程序源代码。

(3) 简述程序的测试过程,提交实录的输入、输出界面。

(4) 鼓励对实验内容展开讨论,鼓励提交思考与练习题的代码和测试结果。

8. 思考与练习

假如涉及多个生产者和消费者,又该如何考虑执行过程的同步?

5.5　银行家算法模拟

1. 实验目的

（1）理解银行家算法。

（2）掌握进程安全性检查的方法及资源分配的方法。

2. 实验要求

（1）认真阅读实验指导书，设计出银行家算法。

（2）根据设计的算法写出程序。

（3）在运行环境中根据用例数据测试程序，并保证其顺利执行，得出正确结果。

3. 实验内容

编制模拟银行家算法的程序，并以下面给出的例子验证所编写程序的正确性。

【例 5.1】　某系统有 A、B、C、D 4 类资源共 5 个进程（P0、P1、P2、P3、P4）共享，各进程对资源的需求和分配情况见表 5.1。

表 5.1　各进程对资源的需求和分配情况

进程	已占资源				最大需求数			
	A	B	C	D	A	B	C	D
P0	0	0	1	2	0	0	1	2
P1	1	0	0	0	1	7	5	0
P2	1	3	5	4	2	3	5	6
P3	0	6	3	2	0	6	5	2
P4	0	0	1	4	0	6	5	6

现在系统中 A、B、C、D 4 类资源分别还剩 1、5、2、0 个，请按银行家算法回答下列问题：

①现在系统是否处于安全状态？

②如果现在进程 P1 提出需要（0,4,2,0）个资源的请求，系统能否满足它的请求？

4. 实验准备

（1）银行家算法。

（2）安全性检查算法。

算法的代码示例如下：

```
#include <iostream. h>
int Available[100];
//可利用资源数组
int Max[50][100];
//最大需求矩阵
```

```cpp
int Allocation[50][100];
//分配矩阵
int Need[50][100];
//需求矩阵
int Request[50][100];
int Finish[50];
int p[50];
int m,n;
//m 个进程,n 个资源
int IsSafe() {
  int i,j,l=0;
  int Work[100];
  //可利用资源数组
  for (i=0;i<n;i++)
  Work[i]=Available[i];
  for (i=0;i<m;i++)
  Finish[i]=0;
  for (i=0;i<m;i++) {
    if(Finish[i]==1) continue; else {
      for (j=0;j<n;j++) {
        if(Need[i][j]>Work[j]) break;
      }
      if(j==n) {
        Finish[i]=1;
        for (int k=0;k<n;k++)
        Work[k]+=Allocation[i][k];
        p[l++]=i;
        i=-1;
      } else continue;
    }
    if(l==m) {
      cout<<"系统是安全的"<<'\n';
    cout<<"安全序列是:\n";
      for (i=0;i<l;i++) {
        cout<<p[i];
        if(i! =l-1) cout<<"-->";
      }
      cout<<'\n';
      return 1;
```

```
        }
      }
    }
    int main( )//银行家算法 {
      int i,j,mi;
      cout<<"输入进程的数目:\n";
      cin>>m;
      cout<<"输入资源的种类:\n";
      cin>>n;
      cout<<"输入每个进程最多所需的各资源数,按照"<<m<<"x"<<n<<"矩阵输入\n";
      for (i=0;i<m;i++)
      for (j=0;j<n;j++)
      cin>>Max[i][j];
      cout<<"输入每个进程已分配的各资源数,也按照"<<m<<"x"<<n<<"矩阵输入\n";
      for (i=0;i<m;i++) {
        for (j=0;j<n;j++) {
          cin>>Allocation[i][j];
          Need[i][j] = Max[i][j]-Allocation[i][j];
          if( Need[i][j]<0) {
            cout<<"你输入的第"<<i+1<<"个进程所拥有的第"<<j+1<<"个资源数错误,请重新输入:
\n";
            j--;
            continue;
          }
        }
      }
      cout<<"请输入各个资源现有的数目:\n";
      for (i=0;i<n;i++)
      cin>>Available[i];
      IsSafe( );
      while(1) {
        cout<<"输入要申请资源的进程号(注:第 1 个进程号为 0,依次类推)\n";
        cin>>mi;
        cout<<"输入进程所请求的各资源的数量\n";
        for (i=0;i<n;i++)
        cin>>Request[mi][i];
        for (i=0;i<n;i++) {
          if( Request[mi][i]>Need[mi][i]) {
            cout<<"你输入的请求数超过进程的需求量! \n";
```

```
        return 0;
      }
      if(Request[mi][i]>Available[i]) {
        cout<<"你输入的请求数超过系统有的资源数！\n";
        return 0;
      }
    }
    for (i=0;i<n;i++) {
      Available[i]-=Request[mi][i];
      Allocation[mi][i]+=Request[mi][i];
      Need[mi][i]-=Request[mi][i];
    }
    if(IsSafe()) cout<<"同意分配请求！\n"; else {
      cout<<"你的请求被拒绝！\n";
      for (i=0;i<n;i++) {
        Available[i]+=Request[mi][i];
        Allocation[mi][i]-=Request[mi][i];
        Need[mi][i]+=Request[mi][i];
      }
    }
    for (i=0;i<m;i++)
    Finish[i]=0;
    char YesOrNo;
    cout<<"你还想再次请求分配吗？是请按 y/Y,否按 n/N,再确定\n";
    while(1) {
      cin>>YesOrNo;
      if(YesOrNo=='y'||YesOrNo=='Y'||YesOrNo=='n'||YesOrNo=='N') break; else {
        cout<<"请按要求输入！\n";
        continue;
      }
    }
    if(YesOrNo=='y'||YesOrNo=='Y') continue; else break;
  }
}
```

5. 实验报告要求

（1）阐述实验目的和实验内容。

（2）提交模块化的实验程序源代码。

（3）简述程序的测试过程,提交实录的输入、输出界面。

（4）鼓励对实验内容展开讨论,鼓励提交思考与练习题的代码和测试结果。

6. 思考与练习

同一情况下,是否会出现不同的安全队列结果,为什么? 如何使结果具有随机性?

5.6 分页式存储管理模拟

1. 实验目的

理解分页式存储管理的原理。

2. 实验要求

(1)认真阅读实验指导书,模拟多个作业分页式存储管理的全过程。

(2)根据设计的算法写出程序。

(3)在运行环境中测试程序,并保证其顺利执行,得出正确结果。

3. 实验内容

在分页系统中,把每个作业(进程)的地址空间划分成一些大小相等的片,称之为页面或页。同样地,把内存的存储空间也分成与页相同大小的存储块,称为物理块或页框。分页系统允许将进程的每一页离散地存储在内存的任一物理块中,为了能在内存中找到每个页面所对应的物理块,系统为每个进程建立一张页面映射表,即页表,如图5.1所示。页表的作用是实现从页号到物理块号的地址映射。

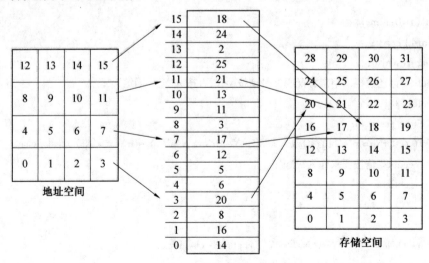

图 5.1   页面映射表

4. 实验准备

分页存储管理机制。

5. 实验思路

(1)划分出一块内存空间,并为其编号。

(2)初始化若干个作业,并为每个作业随机分配物理块号,每个作业包括标识号、页数、运行时间和物理块号 4 部分。

（3）随着时间的推移，描述每个作业的开始、运行与结束过程。

（4）在每个时间点，随机产生若干个新的作业。

6. 算法演示

如果使用 C 语言进行设计，程序涉及的头文件主要有 stdio. h、dos. h、time. h、conio. h。

以下是用 C 语言开发的代码示例：

```c
#include <stdio. h>
#include <dos. h>
#include <time. h>
#include <conio. h>
struct page {
  char ch;
  int count;
  int page[4];
  int tim;
}
aa[100];
int num=0;
struct mem {
  int x;
  int ch;
}
frame[30];
int a=48;
int sum=0;
void first() {
  int i;
  for (i=0;i<30;i++) {
    frame[i]. ch=0;
    frame[i]. x=0;
  }
}
void ttim() {
  struct time t;
  gettime(&t);
  printf("\n %2d:%02d:%02d\n",t. ti_hour,t. ti_min,t. ti_sec);
}
num0_1() {
```

```
    int i;
    i=rand( )%30;
    if(frame[i].x==1)
      num0_1( ); else
      return i;
}
void fenpei( ) {
    int i;
    aa[num].ch=a;
    a++;
    if(a==58)
      a=65;
    if(a==91)
      a=97;
    aa[num].tim=rand( )%4+5;
    aa[num].count=rand( )%4+1;
    for (i=0;i<aa[num].count;i++) {
      aa[num].page[i]=num0_1( );
      frame[aa[num].page[i]].x=1;
      frame[aa[num].page[i]].ch=aa[num].ch;
    }
}
void check( ) {
    int i,j;
    for (i=0;i<num;i++) {
      aa[i].tim--;
      if(aa[i].tim==0)
          for (j=0;j<aa[i].count;j++) {
        frame[aa[i].page[j]].x=0;
        frame[aa[i].page[j]].ch=0;
      }
    }
}
void putout( ) {
    int i,j;
    printf("\n");
    for (i=0;i<30;i++) {
      printf("%4d",i);
      if(i==14)
```

```
                printf("\n\n\n");
            }
        for (i=0;i<=14;i++) {
            window(11+i*4,5,12+i*4,5);
            if(frame[i].x==1)
            textbackground(RED); else
            textbackground(GREEN);
            clrscr();
            cprintf("%c",frame[i].ch);
        }
        for (i=0;i<=14;i++) {
            window(11+i*4,8,12+4*i,8);
            if(frame[i+15].x==1)
            textbackground(RED); else
            textbackground(GREEN);
            clrscr();
            cprintf("%c",frame[i+15].ch);
    }
    window(25,10,55,23);
    textbackground(8);
    clrscr();
    printf("No Size Time Mem");
    window(25,11,55,23);
    textbackground(6);
    clrscr();
    sum=0;
    for (i=0;i<num;i++) {
        if(aa[i].tim>0) {
            printf("%2c%4d",aa[i].ch,aa[i].count);
            printf("%6d",aa[i].tim);
            for (j=0;j<aa[i].count;j++)
                printf("%4d",aa[i].page[j]);
            printf("\n");
            sum++;
        }
    }
}
void work() {
    int cishu=60;
```

```
    int k;
    int i;
    while(cishu--) {
        clrscr();
        window(1,1,80,25);
        textbackground(BLUE);
        clrscr();
        textcolor(YELLOW);
        clrscr();
        ttim();
        k=rand()%2;
        if(k==1) {
            k=rand()%3+1;
            if((sum+k)>13)
                k=0;
            for (i=0;i<k;i++) {
                fenpei();
                num++;
            }
        }
        check();
        putout();
        sleep(1);
    }
}
main() {
    time_t t;
    srand((unsigned) time(&t));
    clrscr();
    first();
    work();
    window(1,1,80,25);
    textbackground(BLUE);
    clrscr();
    printf("\n\n\n\n\n\n\n\n\n\n\n  Press Any   Key to Exit!");
    getch();
}
```

7. 实验报告要求

(1)阐述实验目的和实验内容。

（2）提交模块化的实验程序源代码。

（3）简述程序的测试过程,提交实录的输入、输出界面。

（4）鼓励对实验内容展开讨论,鼓励提交思考与练习题的代码和测试结果。

8. 思考与练习

分页存储中存在什么样的碎片,应该如何处理?

5.7　虚拟存储器管理模拟

1. 实验目的

（1）理解虚拟存储器概念。

（2）掌握分页式存储管理地址转换和缺页中断。

2. 实验要求

（1）认真阅读实验指导书,模拟地址转换和缺页机制,并设计出页面调度算法。

（2）根据设计的算法写出程序。

（3）在运行环境中根据用例数据测试程序,并保证其顺利执行,得出正确结果。

3. 实验内容

（1）模拟请求分页式存储管理中硬件的地址转换和产生缺页中断。

（2）用先进先出（FIFO）页面调度算法处理缺页中断。

4. 实验准备

（1）设计一个“地址转换”程序来模拟硬件的地址转换工作。

（2）FIFO 页面调度程序。

5. 算法演示

算法的代码示例如下:

```
#include <cstdio>
#include <cstring>
#define SizeOfPage 100
#define SizeOfBlock 128
#define M 4
struct info//页表信息结构体 {
    bool flag;
    //页标志,1 表示该页已在主存,0 表示该页不在主存
    long block;
    //块号
    long disk;
    //在磁盘上的位置
```

```
    bool dirty;
    //更新标志
}
pagelist[SizeOfPage];
long po;
//队列标记
long P[M];
//假设内存中最多允许 M 个页面
void init_ex1() {
    memset(pagelist,0,sizeof(pagelist));
    //内存空间初始化
    /*分页式虚拟存储系统初始化*/
    pagelist[0].flag=1;
    pagelist[0].block=5;
    pagelist[0].disk=011;
    pagelist[1].flag=1;
    pagelist[1].block=8;
    pagelist[1].disk=012;
    pagelist[2].flag=1;
    pagelist[2].block=9;
    pagelist[2].disk=013;
    pagelist[3].flag=1;
    pagelist[3].block=1;
    pagelist[3].disk=021;
}
void work_ex1() //模拟分页式存储管理中硬件的地址转换和产生缺页中断过程 {
    bool stop=0;
    long p,q;
    char s[128];
    do {
        printf("请输入指令的页号和单元号:\n");
        if(scanf("%ld%ld",&p,&q)!=2) {
            scanf("%s",s);
            if(strcmp(s,"exit")==0) //如果输入的为 exit 那么就退出,进入重选页面 {
                stop=1;
            }
        } else {
            if(pagelist[p].flag) //如果该页 flag 标志位为 1,说明该页在主存中 {
                printf("绝对地址=%ld\n",pagelist[p].block*SizeOfBlock+q);
```

```
            //计算出绝对地址,绝对地址=块号×块长(默认 128)+单元号
        } else {
        printf("* %ld\n",p);
            //如果该页 flag 标志位为 0,表示该页不在主存中,则产生了一次缺页中断
        }
    }
    }
    while(! stop);
}
void init_ex2() {
    /* 以下部分为用先进先出(FIFO)页面调度算法处理缺页中断的初始化,其中也包含了对于当前
的存储器内容的初始化 */
    po=0;
    P[0]=0;
    P[1]=1;
    P[2]=2;
    P[3]=3;
    //对内存中的 4 个页面进行初始化,并使目前排在第一位的为 0
    memset(pagelist,0,sizeof(pagelist));
    //内存空间初始化
    pagelist[0].flag=1;
    pagelist[0].block=5;
    pagelist[0].disk=011;
    pagelist[1].flag=1;
    pagelist[1].block=8;
    pagelist[1].disk=012;
    pagelist[2].flag=1;
    pagelist[2].block=9;
    pagelist[2].disk=013;
    pagelist[3].flag=1;
    pagelist[3].block=1;
    pagelist[3].disk=021;
}
void work_ex2() //模拟 FIFO 算法的工作过程 {
    long p,q,i;
    char s[100];
    bool stop=0;
    do {
    printf("请输入指令的页号、单元号,以及是否为内存指令:\n");
```

```
        if( scanf("% ld% ld",&p,&q)! =2) {
          scanf("% s",s) ;
          if( strcmp( s ,"exit")= =0)//如果输入的为"exit"那么就退出,进入重选页面 {stop=1;
          }
      } else {
          scanf("% s",s) ;
          if( pagelist[ p].flag)//如果该页 flag 标志位为 1,说明该页在主存中 {
            printf("绝对地址=% ld\n",pagelist[ p].block * SizeOfBlock+q) ;
            //计算绝对地址,绝对地址=块号×块长(128)+单元号
            if( s[0]= ='Y'||s[0]= ='y')//内存指令 {
              pagelist[ p].dirty=1 ;
              //修改标志为 1
            }
          } else {
            if( pagelist[ P[ po]].dirty) //当前的页面被更新过,需把更新后的内容写回外存 {
              pagelist[ P[ po]].dirty=0 ;
            }
            pagelist[ P[ po]].flag=0 ;
            //将 flag 标志位置 0,表示当前页面已被置唤出去
            printf("out% ld\n",P[ po]) ;
            //显示根据 FIFO 算法被置唤出去的页面
            printf("in% ld\n",p) ;
            //显示根据 FIFO 算法被调入的页面
            pagelist[ p].block=pagelist[ P[ po]].block ;
            //块号相同
            pagelist[ p].flag=1 ;
            //将当前页面的标记置为 1,表示已在主存中
            P[ po]=p ;
            //保存当前页面所在的位置
            po=( po+1)% M ;
          }
      }
    }
  while(! stop) ;
  printf("数组 P 的值为:\n") ;
  for ( i=0;i<M;i++) //循环输出当前数组的数值,即当前在内存中的页面 {
    printf("P[% ld]=% ld\n",i,P[ i]) ;
  }
}
```

```
void select( ) //选择哪种方法进行 {
  long se;
  char s[128];
  do {
    printf("请选择题号(1/2):");
    if(scanf("%ld",&se)! =1) {
      scanf("%s",&s);
      if(strcmp(s,"exit")= =0) //如果输入为 exit 则退出整个程序 {
        return;
      }
    } else {
      if(se= =1) //如果 se=1,说明选择的是模拟分页式存储管理中硬件的地址转换和产生缺
      页中断 {
        init_ex1( );
        //初始化
        work_ex1( );
        //进行模拟
      }
      if(se= =2) //如果 se=2 说明选择的是 FIFO 算法来实现页面的置换 {
        init_ex2( );
        //初始化
        work_ex2( );
        //进行模拟
      }
    }
  }
  while(1);
}
int main( ) {
  select( );
  //选择题号
  return 0;
}
```

6. 实验报告要求

(1)阐述实验目的和实验内容。

(2)提交模块化的实验程序源代码。

(3)简述程序的测试过程,提交实录的输入、输出界面。

(4)鼓励对实验内容展开讨论,鼓励提交思考与练习题的代码和测试结果。

7. 思考与练习

考虑一下其他的虚拟存储器页面置换算法如何实现。

5.8　设备管理模拟

1. 实验目的

(1)理解设备管理的概念和任务。

(2)掌握独占设备的分配、回收等主要算法的原理并编程实现。

2. 实验要求

(1)认真阅读实验指导书,模拟设备管理的主要算法。

(2)根据设计的算法写出程序。

(3)在运行环境中测试程序,并保证其顺利执行,得出正确结果。

3. 实验内容

在 Windows 系统中,编写程序实现对独占设备的分配与回收的模拟,该程序中包括建立设备类表和设备表,分配设备和回收设备的函数。

4. 实验准备

(1)在多道程序环境下,对于独占设备,应采用独享分配策略,即将一个设备分配给某进程后便由该进程独占,直至该进程完成或释放该设备,然后系统才能再将该设备分配给其他进程使用。在实验中,通过模拟方法实现对独占设备的分配和回收。

(2)在操作系统中,通常要通过表格记录相应设备状态等,以便进行设备分配。在进行设备分配时所需的数据结构(表格)有设备类表和设备控制表等。

5. 算法演示

算法的代码示例如下:

```c
#include <stdio. h>
#include <stdio. h>
#include <string. h>
#define N 3 //假设系统有 3 类设备
#define M 5 //假设系统有 5 个设备
struct {
    char type[10];
    //设备类名
    int count;
    //拥有设备数量
    int remain;
    //现存的可用设备数量
```

```
    int address;
    //该类设备在设备表中的起始地址
}
equip_type[N];
//设备类表定义,假设系统有 n 个设备类型
struct {
    int number;
    //设备绝对号
    bool status;
    //设备状态可否使用
    bool IsRemain;
    //设备是否已分配
    char jobname[10];
    //占有设备的作业名称
    int lnumber;
    //设备相对号
}
equipment[M];
//设备表定义,假设系统有 m 个设备
//＊＊＊＊＊＊＊＊＊＊＊＊＊函数说明＊＊＊＊＊＊＊＊＊＊＊＊＊//
//设备分配函数
//＊＊＊＊＊＊＊＊＊＊＊＊＊＊＊＊＊＊＊＊＊＊＊＊＊＊＊＊＊＊＊＊//
bool allocate(char *job,char *type,int mm) {
    int i=0,t;
    //查询该类设备
    while (i<N&&strcmp(equip_type[i].type,type)! = 0) i++;
    //没有找到该类设备
    if (i >= N) {
        printf("无该类设备,设备分配请求失败");
        return(false);
    }
    //所需设备现存的可用数量不足
    if(equip_type[i].remain<1) {
        printf("该类设备数量不足,设备分配请求失败");
        return(false);
    }
    //得到该类设备在设备表中的起始地址
    t = equip_type[i].address;
    while (! (equipment[t].status == true && equipment[t].IsRemain == false)) t++;
```

```
            //填写作业名、设备相对号,状态
            equip_type[i].remain--;
            equipment[t].IsRemain = true;
            strcpy(equipment[t].jobname,job);
            equipment[t].lnumber = mm;
            return true;
    }
    //************函数说明************//
    //设备回收函数
    //****************************************//
    bool reclaim(char *job,char *type){
        int i=0,t,j,k=0,nn;
        while (i<N&&strcmp(equip_type[i].type,type)! = 0) i++;
        //没有找到该类设备
        if (i >= N){
            printf("无该类设备,设备分配请求失败");
            return(false);
        }
        //得到该类设备在设备表中的起始地址
        t = equip_type[i].address;
        //得到该设备的数量
        j = equip_type[i].count;
        nn = t+j;
        //修改设备为可使用状态和该类型设备可用数量
        for (; t<nn; t++){
            if(strcmp(equipment[t].jobname,job) = = 0 && equipment[t].IsRemain = = true){
                equipment[t].IsRemain = false;
                k++;
            }
        }
        equip_type[i].remain = equip_type[i].remain+k;
        if(k = = 0) printf("作业没有使用该类设备");
        return true;
    }
    void main(){
        char job[10];
        int i,mm,choose;
        char type[10];
        strcpy(equip_type[0].type,"input");
```

```
//设备类型:输入设备
equip_type[0].count = 2;
equip_type[0].remain = 2;
equip_type[0].address = 0;
strcpy(equip_type[1].type,"printer");
equip_type[1].count = 3;
equip_type[1].remain = 3;
equip_type[1].address = 2;
strcpy(equip_type[2].type,"disk");
equip_type[2].count = 4;
equip_type[2].remain = 4;
equip_type[2].address = 5;
for (i=0;i<5;i++) {
  equipment[i].number = i;
  equipment[i].status = 1;
  equipment[i].IsRemain = false;
}
while(1) {
  printf("\n0--退出,1--分配,2--回收,3--显示");
  printf("\n 请选择功能项:");
  scanf("%d",&choose);
  switch(choose) {
    case 0:
    return;
    case 1:
    printf("请输入作业名、作业所需设备类和设备相对号");
    scanf("%s%s%d",job,type,&mm);
    allocate(job,type,mm);
    //分配设备
    break;
    case 2:
    printf("请输入作业名和作业要归还的设备类型");
    scanf("%s%s",job,type);
    reclaim(job,type);
    //回收设备
    break;
    case 3:
    printf("\n 输出设备类表:\n");
    printf("设备类型\t 设备数量\t 空闲设备数量\n");
```

```
        for (i=0;i<N;i++)
        printf("%8s%10d%18d\n",equip_type[i].type,equip_type[i].count,equip_type[i].remain);
        printf("-------------------------------------------\n");
        printf("输出设备表:\n");
        printf("绝对号 状态 是否分配 占用作业名 相对号\n");
        for (i=0;i<M;i++) {
    printf("%3d%7d%8d%10s%7d\n", equipment[i].number, equipment[i].status, equipme nt[i].
IsRemain,equipment[i].jobname,equipment[i].lnumber);
        }
        break;
        default;
        return;
        }
    }
}
```

6. 实验报告要求

（1）阐述实验目的和实验内容。

（2）提交模块化的实验程序源代码。

（3）简述程序的测试过程,提交实录的输入、输出界面。

（4）鼓励对实验内容展开讨论,鼓励提交思考与练习题的代码和测试结果。

7. 思考与练习

如何实现动态设备分配管理? 如果可以实现,应该采用什么策略比较合理?

参 考 文 献

[1] 教育部高等学校计算机科学与技术教学指导委员会.高等学校计算机科学与技术专业核心课程教学实施方案[M].北京:高等教育出版社,2009.

[2] 高等学校计算机应用型人才培养模式研究课题组.高等学校计算机科学与技术专业应用型人才培养模式及课程体系研究[M].北京:高等教育出版社,2012.

[3] 国家级计算机实验教学示范中心"计算机专业实验教学课程建设"项目组.高等学校计算机专业实验教学课程建设报告[M].北京:高等教育出版社,2012.

[4] 教育部高等学校计算机科学与技术教学指导委员会.高等学校计算机科学与技术专业人才专业能力构成与培养[M].北京:机械工业出版社,2010.

[5] TANENBAUM A S,WOODHULL A S. Operating systems design and implementation[M]. 2th ed. Beijing:Tsinghua University Press,1997.

[6] SALLINGS W. Operating systems:internals and design principles[M]. 4th ed. Upper Saddle River:Prentice Hall,2001.

[7] 孙钟秀.操作系统教程[M].3版.北京:高等教育出版社,2003.

[8] 特南鲍姆.现代操作系统[M].陈向群,马洪兵,译.3版.北京:机械工业出版社,2009.

[9] 袁捷.漫谈电脑"管家"——操作系统的发展与创新[M].北京:清华大学出版社,2002.

[10] 尤晋元,史美林,陈向群,等.Windows 操作系统原理[M].北京:机械工业出版社,2001.

[11] 陈向群,马洪兵,王雷,等.Windows 内核实验教程[M].北京:机械工业出版社,2002.

[12] 马克·米那斯.Windows XP 专业版:从入门到精通(中文版)[M].王珺,屈马珑,译.北京:电子工业出版社,2002.

[13] 罗宇,陈燕晖,文艳军,等.Linux 操作系统实验教程[M].北京:电子工业出版社,2009.

[14] 李善平,刘文峰,李程远,等.Linux 内核 2.4 版源代码分析大全[M].北京:机械工业出版社,2002.

[15] 李善平,郑扣根.Linux 操作系统及实验教程[M].北京:机械工业出版社,1999.

[16] 费翔林.Linux 操作系统实验教程[M].北京:高等教育出版社,2009.

[17] 马修,斯通斯.Linux 程序设计[M].陈健,宋健建,译.4版.北京:人民邮电出版社,2010.

[18] 科波特.Linux 设备驱动程序[M].魏永明,耿岳,钟书毅,译.3版.北京:中国电力出版社,2006.

[19] 罗伯特·勒夫.Linux 内核设计与实现[M].陈莉君,康华,译.3版.北京:机械工业出版社,2011.

[20] 莫里斯·巴赫.UNIX 操作系统设计[M].陈葆珏,王旭,柳纯录,等译.北京:机械工业出版社,2000.

［21］埃里克·斯蒂芬·雷蒙.UNIX 编程艺术［M］.姜宏,何源,蔡晓骏,译.北京:电子工业出版社,2012.

［22］柳伟卫.鸿蒙 HarmonyOS 应用开发从入门到精通［M］.北京:北京大学出版社,2022.

［23］夏德旺,谢立.HarmonyOS 应用开发［M］.北京:机械工业出版社,2021.

［24］刘安战,余雨萍,李勇军,等.HarmonyOS 移动应用开发［M］.北京:北京大学出版社,2022.

［25］周苏,金海溶.操作系统原理实验(修订版)［M］.北京:科学出版社,2009.

［26］张尧学,史美林.计算机操作系统教程:习题解答与实验指导［M］.2 版.北京:清华大学出版社,2000.

［27］孟静.操作系统教程题解与实验指导［M］.北京:高等教育出版社,2002.

［28］谢青松.操作系统原理［M］.北京:人民邮电出版社,2005.

［29］蒋静,徐志伟.操作系统原理·技术与编程［M］.北京:机械工业出版社,2004.

［30］何炎祥,李飞,李宁.计算机操作系统［M］.北京:清华大学出版社,2004.

［31］陈渝,向勇.操作系统实验指导［M］.北京:清华大学出版社,2013.